普通高等教育电子信息类系列教材

电子系统综合实践

主编　吕宗旺
参编　孙福艳　李忠勤　李明星　周中孝

U0379524

机械工业出版社

本书的撰写以学生为中心，从方便学生使用和提高学生学以致用、解决复杂工程问题能力的角度出发，从焊接技术、常用集成电路、常用传感器、信号处理与驱动电路、电源电路、常用算法、执行器件、系统仿真及实验平台、嘉立创 EDA 简介及 PCB 设计、实例解析等方面介绍了学生需要掌握的基本知识和基本技能，为培养优秀的电子技术工程师奠定坚实的理论和实践基础。

本书可作为高等院校电子信息工程、通信工程、物联网工程、电气工程及其自动化、机电一体化和自动控制等专业的本科、高职高专及成人教育学生的教材，还可以作为电子技术开发人员和希望深入学习电子工程及应用技术的读者的参考用书。

图书在版编目（CIP）数据

电子系统综合实践/吕宗旺主编. —北京：机械工业出版社，2023.6
（2024.8 重印）

普通高等教育电子信息类系列教材

ISBN 978-7-111-73219-8

Ⅰ.①电…　Ⅱ.①吕…　Ⅲ.①电子系统-系统设计-高等学校-教材

Ⅳ.①TN02

中国国家版本馆 CIP 数据核字（2023）第 093644 号

机械工业出版社（北京市百万庄大街 22 号　邮政编码 100037）
策划编辑：张振霞　　　　　　　责任编辑：张振霞
责任校对：牟丽英　陈　越　　　封面设计：陈　沛
责任印制：单爱军

北京虎彩文化传播有限公司印刷

2024 年 8 月第 1 版第 2 次印刷

184mm×260mm · 14.5 印张 · 354 千字

标准书号：ISBN 978-7-111-73219-8

定价：45.00 元

电话服务　　　　　　　　　　　网络服务

客服电话：010-88361066　　　机　工　官　网：www.cmpbook.com
　　　　　010-88379833　　　机　工　官　博：weibo.com/cmp1952
　　　　　010-68326294　　　金　书　网：www.golden-book.com
封底无防伪标均为盗版　　　机工教育服务网：www.cmpedu.com

前　言

"电子系统综合实践"课程是为了提高学生在电子系统实践方面综合能力的设计实训课程，是电子技术的一个重要组成部分。通过本课程的学习与训练，学生可以掌握电子系统的设计方法，掌握电子硬件电路设计及仿真平台的使用方法，能够设计一个具备简单应用功能的电子系统，并通过实际动手焊接和调试电路，实现一个功能完整的作品，为以后进行复杂工程应用问题的研究打下基础。

通过本课程的学习，学生可以熟练掌握各种元器件的识别及使用方法；能利用电子技术基本理论设计硬件电路、软件程序，并利用相关软件进行仿真；初步掌握根据项目需求，利用多个设计方案解决同一个问题的能力，同时经过不同方案的对比分析，提出合理的"最优"解决方案；具有分析、设计、仿真和利用仪器仪表调试模拟电路的能力；能够通过建模进行工艺设计和仿真实验，并对结果进行系统分析；能独立写出严谨、有理论根据、实事求是、语句通顺、字迹端正的课程设计报告；能够理解多学科复杂工程问题的知识融合理念，会管理电子信息类的工程项目。

本书的撰写以学生为中心，从方便学生使用和提高学生解决复杂工程问题能力的角度出发，汇集了河南工业大学电子信息工程专业（国家一流专业）"电子系统综合实践"课程连续 10 年的教学成果和成功的教学经验。

本书以电子系统综合实践类课程为主要依据和服务对象，以突出综合实践为根本宗旨来安排内容。本书共 12 章。

第 1 章为焊接技术，主要介绍电烙铁的使用、回流焊和波峰焊等集成电路的焊接技术。

第 2 章为常用集成电路，主要介绍模拟电子技术和数字电子技术常用的集成电路的基础知识和典型电路。

第 3 章为常用传感器，主要介绍电子系统综合实践八类常用的传感器的原理及应用。

第 4 章为信号处理与驱动电路，主要介绍在电子产品开发过程中几种常用的驱动电路和信号处理电路等。

第 5 章为电源电路，主要介绍电子系统综合中常用的电源电路。

第 6 章为常用算法，主要介绍电子系统电路设计中用于信号处理的数字滤波算法和 PID 控制算法。

第 7 章为执行器件，主要介绍常用的直流电动机、步进电动机、舵机等被控制对象的基本结构、工作原理及控制原理等。

第 8 章为系统仿真及实验平台，介绍 Keil 软件的编程和 Proteus 8 的单片机仿真方法。

第 9 章为嘉立创 EDA 简介及 PCB 设计，主要讲解嘉立创 EDA 软件及其在 PCB 设计中的使用。

第 10~12 章以具体实例的形式，给出基于 STM32 的药物配送小车、同步循迹小车和 WiFi 语音气象站三个项目的设计案例。

本书第 1~5 章由河南工业大学孙福艳编写，第 6 章由黑龙江科技大学李忠勤编写，第 7 章由河南工业大学李明星、郑州信盈达电子有限公司周中孝编写，第 8~12 章由河南工业大学吕宗旺编写。全书由吕宗旺统稿。

本书在编写过程中得到了河南工业大学 6103 学生创新实验室的肖雪（现北京邮电大学硕士研究生）、张飞翔（现北京邮电大学硕士研究生）、唐浩然（现北京邮电大学硕士研究生）、王达（现大连海事大学硕士研究生）、何于海（现杭州电子科技大学硕士研究生）、王旭博（现电子科技大学硕士研究生）、蔡一鸣（现浙江大学硕士研究生）、黄诚（现北京小米移动软件有限公司南京分公司工程师）、吴迪（现北京小米移动软件有限公司南京分公司工程师）、李方伟（现深圳市大疆创新科技有限公司工程师）、魏子栋、刘泽宇、薛雯耀、邓运廷、胡超杰、刘培杰，深圳市嘉立创科技发展有限公司嘉立创 EDA 高校教育经理莫志宏，郑州信盈达电子有限公司总经理周中孝、新开普电子股份有限公司实践教学部校企合作经理李阳等的大力支持，一并向他们表示衷心的感谢。

本书是 2021 年河南省高等教育教学改革研究与实践项目"高校大学生就业创业能力提升培养体系构建研究与实践"（项目编号：2021SJGLX1013）、2020 年国家第二批新工科研究与实践项目"地方高校新工科人才创意创新创业能力培养路径探索与实践"（项目编号：E-CXCYYR20200937）、2020 年河南省新工科研究与实践项目"地方高校新工科人才创意创新创业能力培养路径探索与实践"（项目编号：2020JGLX037）、2022 年河南省专创融合特色示范课程——模拟电子技术（文件号：教高〔2023〕72 号）、2022 年度黑龙江省高等教育本科教育教学改革研究重点委托项目"新工科背景下 TMBH 新工程师人才培养模式的探索与实践"（项目编号：SJGZ20220146）等项目的阶段性成果。

鉴于作者知识水平有限，书中难免有疏漏和不当之处，敬请广大读者指正。同时也欢迎读者，尤其是采用本书的教师和学生，共同探讨相关教学内容、教学方法等问题。

编　者

2022 年 5 月

目　录

第1章 焊接技术

1.1 电烙铁的使用

1.1.1 电烙铁的原理及分类

电烙铁示意图如图 1-1 所示，其工作原理是将电能转化为热能，通过烙铁头将锡丝熔化进行焊接。

根据构造的不同，电烙铁有内热式和外热式两种，如图 1-2 所示。

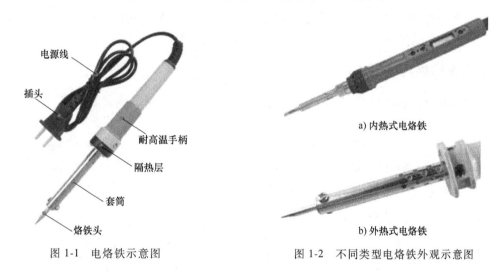

图 1-1 电烙铁示意图　　　　　　　　　　图 1-2　不同类型电烙铁外观示意图

（1）内热式电烙铁

内热式电烙铁的烙铁芯安装在烙铁头的内部，因体积小，热效率高，通电几十秒内即可熔化锡焊接。

（2）外热式电烙铁

外热式电烙铁的烙铁头安装在烙铁芯内部，因体积比较大，热效率低，通电以后烙铁头熔化锡的时间长达几分钟。

根据功率的不同，电烙铁有 20W、25W、35W、45W、75W、100W 以至 500W 等多种规格。一般使用 35W 的内热式电烙铁。

1.1.2　使用电烙铁的注意事项

1）正确的姿势。应一只手持锡丝，露出长度约 5~8cm，另一只手持电烙铁，如图 1-3 所示，注意不可接触发热体。

2）电烙铁初次使用时，首先应给烙铁头挂锡，以便今后使用。挂锡的方法很简单，通电之前，先用细纹锉、砂纸或小刀将烙铁头端面清理干净，通电以后，待刚刚能熔化焊锡时，涂上助焊剂，待烙铁头温度升到一定程度时，将焊锡放在烙铁头上熔化，使烙铁头端面挂上一层锡。挂锡后的烙铁头，随时都可以用来焊接。

3）使用电烙铁焊接时，需要有焊锡丝。其中常见的是带松香芯的焊锡丝，因为熔点较低，内含松香助焊剂，使用方便，所以使用频率较高。除了必须有焊锡丝做焊料，直接用于焊接之外，还应该备有助焊剂。助焊剂有助于焊接，它

图 1-3　电烙铁使用姿势

可以清洁焊接物表面和清除熔锡中的杂质，提高焊接质量，同时可以保护烙铁头。常用的助焊剂有松香和焊锡膏（俗称焊油），其中松香是一种腐蚀性很小的天然树脂。焊锡丝（又称焊锡条）里就带有松香，故俗称松香芯焊锡条丝。焊锡膏也是一种很好的助焊剂，但是其腐蚀性比较强，本身又不是绝缘体，故不宜用于电子元器件或电路板上的焊接，大多用于面积较大的金属构件的焊接，使用量也不宜过多，焊接完成以后应使用酒精棉球将焊接部位擦干净，防止残留的焊锡膏腐蚀焊点和焊接件，影响产品的质量和使用寿命。

1.1.3　电烙铁的使用步骤

1）使用电烙铁焊接时，电烙铁需连接电源，等待温度升高。

2）十几秒钟后用海绵纸摩擦几次并及时放入助焊剂内，保护烙铁头不受氧化。

3）挂锡保护烙铁头，使其不被氧化。

4）在需要焊接的线上点些助焊剂，再加入适量焊锡，然后焊在需要焊接的元器件上面即可。焊接器件时停留的时间不能过长，否则温度过高会非常容易烧毁元器件。

1.1.4　电烙铁的安全使用

1）电烙铁一般有两个或三个接线端，其中两个接线端与烙铁芯相接，用于连接 220V 交流电源，三个接线端的另一个与烙铁外壳相连，是接地保护端子，用以连接地线，可根据实际使用情况选择。为了安全起见，使用前最好用万用表鉴别一下烙铁芯是否断线或者混线。一般 20~30W 的电烙铁的烙铁芯电阻为 1500~2500Ω。

2）焊接前，应将元器件的引线截去多余部分后挂锡。若引线表面被氧化不易挂锡，可以使用细砂纸或小刀将引线表面清理干净，用烙铁头蘸适量松香芯焊锡给引线挂锡。如果还不能挂锡，可将元器件引线放在松香块上，再用烙铁头轻轻接触引线，顺时针转动引线，使引线表面都可以均匀挂锡。每根引线的挂锡时间不宜太长，一般以 2~3s 为宜，以免烫坏元器件内部，特别是给二极管、晶体管引脚挂锡时，最好使用金属镊子夹住引线靠近管壳的部位，借以传走一部分热量。另外，各种元器件的引线不要截得太短，否则既不利于散热，又

不便于焊接。

3）焊接时，把挂好锡的元器件引线置于待焊接位置，如印制电路板的焊盘孔中或者各种接头、插座和开关的焊片小孔中，用蘸有适量锡的烙铁头在焊接部位停留 3s 左右，待电烙铁拿走后，焊接处形成一个光滑的焊点。为了保证焊接质量，最好在焊接元器件引线的位置事先也挂上锡。焊接时要确保引线位置不变动，否则极易产生虚焊。烙铁头停留时间要适宜，过长会烫坏元器件，过短会因焊接熔化不充分而造成假焊。

4）焊接完成后，要仔细观察焊点形状和外表。焊点应呈半球状且高度略小于半径，不应该太鼓或者太扁，外表应该光滑均匀，没有明显的气孔或凹陷，否则都容易造成虚焊或者假焊。在一个焊点同时焊接几个元器件的引线时，要更加注意焊点的质量。

1.1.5 烙铁头粘不上焊锡的原因

1）电烙铁已损坏，电阻值很大无法通电。

2）电烙铁通电时间过长，温度过高。

3）电烙铁的烙铁头烧坏，烙铁头有氧化层。

为了避免以上问题出现，应严格按照操作流程操作。

1.1.6 烙铁头的保养及维护

焊接后，烙铁头的残余焊剂所产生的氧化物和炭化物会损坏烙铁头，造成焊接误差或使烙铁头导热功能减退，故当经常性使用烙铁时，应每周拆开烙铁头一次，清除氧化物。若在校验温度或接地阻抗时，发现烙铁头温度超出规定，则应先拆开烙铁头清理干净后再重测。使用后，应擦干净烙铁头，挂上新锡，并关闭电烙铁电源，以免烙铁头发生氧化。

1.2 回流焊和波峰焊

1.2.1 回流焊

随着板级组装工艺的不断发展，表面组装密度的不断提高以及片式元器件的逐步普及，回流焊工艺已经成为表面贴装技术（Surface Mounted Technology，SMT）行业应用最普遍的一种焊接手段，目前应用最广泛的三种回流焊技术如下。

1. 红外回流焊

红外回流焊源自第一代的热传导式回流焊的技术发展。由于热传导式焊接有热效率低、表面贴装组件的表面温度不均匀等缺陷，促进了第二代红外回流焊的出现。由于表面贴装组件具有吸收 $1\sim8\mu m$ 波长红外线能量的能力，因此红外热辐射加热具有非接触、被加热表面可以均匀受热等优点。但是，由于红外线处于可见光谱极限位置，也具有光照射物体后的光反射现象，不能穿透电子元件，因而造成焊接阴影现象。为此，第三代红外回流焊设备结合了热风循环功能，使得回流焊在红外热辐射的基础上结合了热风循环热传导的加热方式，消除了可能存在的焊接阴影现象。目前，热风循环红外辐射加热回流炉已成为表面贴装焊接的主流设备。

热风红外回流焊是一种将红外加热和热风对流结合到一起的焊接技术，该技术充分利用了红外线加热效率高、穿透性强以及节能高效的特点，同时热风对流技术的应用有效避免了红外加热技术带来的遮蔽效应以及局部温差过大，保证了温度分布更加均匀。

2. 气相回流焊

气相回流焊由美国西屋电气公司于1974年研制成功，是近几年兴起的回流焊方式，其焊接机理主要是通过对一些惰性液体进行加热，借助惰性液体的蒸气作为加热介质对印制电路板（PCB）进行加热，具有热转换效率高和加热特别均匀的特点，特别适用于复杂的球栅阵列封装（BGA）的焊接。气相回流焊的焊接区域内部气态环境主要是惰性液体的蒸气，氧气含量非常低且内部气压很低，导致焊点内部气泡空洞很小，焊点氧化程度较低。但气相回流焊的使用费用非常高，而且所需的传热介质是电子氟化液FC-70，该物质价格昂贵且能破坏大气臭氧层。因此，气相回流焊炉不是主流的表面贴装焊接设备，仅用于军工、航天等对焊接质量要求很高的焊接应用中。

3. 激光回流焊

激光回流焊是利用激光束直接对高精度器件的焊点进行照射导致焊锡膏熔化来完成焊接。对高精度器件而言，器件引脚数目的增加以及器件引脚间距不断缩小，采用热风红外回流焊以及气相回流焊时，受限于待焊接器件引脚共面性以及器件引脚间距的影响，无法保证各个焊盘上的焊锡膏均匀分布，不可避免地会造成焊接缺陷，而采用激光回流焊可以避免由于上述因素造成的焊接问题。激光回流焊主要应用在方形扁平式封装（QFP）及特殊引脚芯片封装（PLCC）等高精度器件的焊接中。

回流焊设备组成图如图1-4所示。

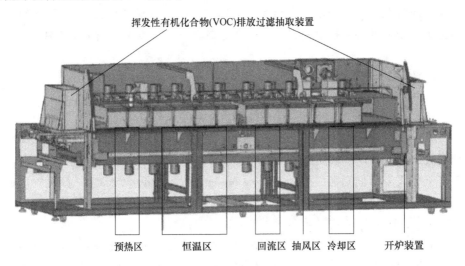

挥发性有机化合物(VOC)排放过滤抽取装置

预热区　恒温区　回流区　抽风区　冷却区　开炉装置

图1-4　回流焊设备组成图

回流焊炉的外观图如图1-5所示。

1.2.2　波峰焊

1. 原理概述

波峰焊是将熔融的液态焊料，借助离心泵的作用，在焊料槽液面形成特定形状的焊料波，插装了元器件的PCB置于传输带上，经过某一特定的角度以及一定的浸入深度穿过焊

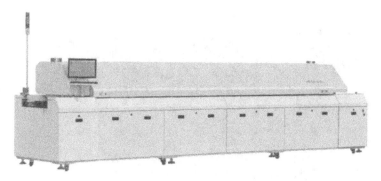

图 1-5 回流焊炉外观图

料波峰而实现焊点焊接的过程。

波峰面的表面均被一层氧化皮覆盖，它在沿焊料波的整个长度方向上几乎都保持静态。在波峰焊焊接过程中，PCB 接触到焊料波的前沿表面，氧化皮破裂，PCB 前面的焊料波无皱褶地被向前推进，这说明整个氧化皮与 PCB 以同样的速度移动。当 PCB 进入波峰面前端时，基板与引脚被加热，并在未离开波峰面之前，整个 PCB 浸在焊料中，即被焊料所桥联，但在离开波峰尾端的瞬间，少量的焊料由于润湿力的作用，粘附在焊盘上，并由于表面张力的原因，会以引线为中心收缩至最小状态，此时焊料与焊盘之间的润湿力大于两焊盘之间的焊料的内聚力，因此会形成饱满、圆整的焊点。离开波峰尾部的多余焊料，由于重力的原因，回落到焊料槽中，可以防止桥联的发生。

波峰焊焊接的波峰形式从以前的单向波峰发展到目前常用的双向波峰，双向波峰焊焊接是利用波峰表面速度分布的特点焊接电子元器件，双向波峰焊焊接可以把焊点拉尖问题减小到最小。由于波峰表面的焊料向前后两个方向流动，这样在流出的焊料表面上必然有一个速度为零的区域，在速度为零的区域附近，流动焊料的速度分布特点可减小焊点的拉尖现象。由于印制电路板也在匀速前进，而且速度方向与双波峰副峰焊料流动方向相同，这就必然形成一个印制电路板与焊料相对速度为零的区域，使表面张力有充分的时间把多余焊料完全拖回波峰，从而最大程度地减小焊点拉尖现象。

焊料波峰的产生靠异步电动机拖动泵把熔融焊料压入喷嘴，从而形成双向波峰，所形成的焊料波头通过喷嘴凸缘而上升形成焊料波峰。异步电动机的转速可控制波峰的高度，喷嘴外形控制着焊料波峰的形状。对于印制电路板组装厂商而言，波峰焊接是一种高效率的自动化、高产量、可在生产线上串联的焊接技术。波峰焊主要用来焊接插件式的电路板。

波峰焊接设备的主要组成部分有助焊剂添加装置、预热装置、波峰焊接装置的传输带、风刀、油搅拌和惰性气体氮等。每一个步骤对整个工艺处理来说都很重要，在传送带上的印制电路板组件应按照规定的路线通过这些工艺步骤，通常情况下，在波峰焊接设备的左侧进入，右侧输出。

波峰焊的原理图如图 1-6 所示。

波峰焊炉的外装图如图 1-7 所示。

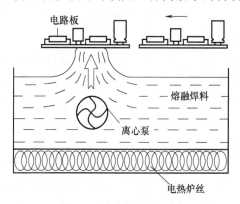

图 1-6 波峰焊的原理图

图 1-7 波峰焊炉的外装图

2. 焊接流程

当完成点（或印制）胶、胶固化、插装通孔元器件的印制电路板从波峰焊焊接设备的入口端随传输带向前运行，通过助焊剂发泡（或喷雾）槽时，印制电路板的下表面和所有的元器件端头和引脚表面均匀地涂敷一层薄薄的助焊剂。随传输带运行的印制电路板进入预热区（预热温度在 80~110℃），使助焊剂中的溶剂被挥发掉，这样可以减少焊接时产生的气体；助焊剂中的松香和活性剂开始分解和活性化，可以去除印制电路板焊盘、元器件端头和引脚表面的氧化膜以及其他污染物，同时起到保护金属表面防止发生再氧化的作用。印制电路板和元器件的充分预热，还可以避免焊接时急剧升温产生的热应力损坏印制电路板和元器件。印制电路板继续向前运行，其底面首先通过第一个熔融的焊料波，第一个焊料波是乱波（即振动波或紊流波，也称 λ 波），使焊料打到印制电路板底面的所有焊盘、元器件端头和引脚上，熔融的焊料在经过助焊剂净化的金属表面上进行浸润和扩散。然后，印制电路板的底面通过第二个熔融的焊料波，第二个焊料波是平滑波（也称 Ω 波），平滑波将引脚及端头之间的连桥分开，并去除拉尖等焊接缺陷。当印制电路板继续向前运行离开第二个焊料波后，自然降温冷却形成焊点，焊接完成。

3. 焊接基本步骤

波峰焊焊接的基本步骤如下。

（1）助焊剂的添加

在波峰焊焊接以前将助焊剂涂敷至印制电路板组件的底部，可以考虑选择下面一些方式来实现：

1）泡沫。泡沫涂敷助焊剂是指将气流从一块多孔的石料中喷射出，该石料浸没在助焊剂液体之中。在管道内的泡沫被迫上升至印制电路板水平面上，助焊剂通过泡沫喷头附着在印制电路板的底面。通过使用较高纯度的助焊剂（>10%），泡沫施加助焊剂的方式可以获得良好的效果。然而，这种方式会形成较高的溶剂挥发现象，会给所施加的助焊剂总量控制带来问题。

2）波峰。波峰涂敷助焊剂的方式是通过一个烟囱状输送管道进行助焊剂的泵送，以形成液态助焊剂波峰（类似于焊料波峰的形成）。印制电路板的底部悬浮在波峰上面，使助焊剂附着到印制电路板的底面。由于考虑助焊剂的蒸发，波峰涂敷助焊剂的方式往往比需要控制的量要多。

3）刷子。在用刷子涂敷助焊剂的过程中，细密的硬毛刷在助焊剂容器里进行旋转。涂敷助焊剂的硬毛刷与称为"吊环"的棒材相接触，向后弯曲。当刷子连续不断地旋转时，在硬毛上的助焊剂被抛向印制电路板的底部。尽管这种方式简单且便宜，但是需要经常对助焊剂进行监测，在助焊剂难以触及的区域，这种方式很难奏效。

4）鼓轮喷雾。鼓轮喷雾涂敷助焊剂的方式通过采用一个旋转的网状鼓轮，从鼓轮底部的槽液中汲取助焊剂。随着鼓轮的旋转，向上旋转的空气射流将助焊剂从网状物内以细小的雾滴吹至印制电路板底部，鼓轮的旋转速度控制所涂敷的助焊剂量。对助焊剂特殊的重力作用需要进行监测和控制，涂敷助焊剂进入密集区域时会受到其穿透力的限制。

5）喷嘴喷射。喷嘴喷射是一种最新的助焊剂涂敷方式，它适合于新型的助焊剂类型。在喷射助焊剂的过程中，助焊剂被安置在一个密封的容器内，免除了对具体重力的监测需求。助焊剂被喷射时呈现出雾状，并被向上喷射至印制电路板组件的底部。喷射助焊剂的这种方式，可允许精确地控制整个涂敷助焊剂的量。

在涂敷助焊剂的过程中，也可以采用超声波作为一种辅助方式，超声波的振子端连接至助焊剂涂敷安置处，使助焊剂雾化，于是可以形成助焊剂烟雾。空气直接作用在雾气上，一股气流推动着来自于烟雾发生器的助焊剂雾气直接冲向印制电路板，使得助焊剂释放在印制电路板上。

波峰焊焊接设备涂敷助焊剂装置有时采用一把热风刀，它可以将助焊剂铺展开，以确保助焊剂渗透入凹陷部位。

（2）预热处理

波峰焊焊接设备采用预热处理装置以升高印制电路板组件和助焊剂的温度，这样做有助于在印制电路板进入焊料波峰时降低热冲击，同时也有助于活化助焊剂。这两大因素在实施大批量焊接时，是非常关键的。预热处理能使印制电路板组件和元器件上的热应力作用降低至最小的程度。

当印制电路板组件的质量较重时，如具有8层或层数更多的多层板，通常情况下要求采用顶部加热措施，以便给印制电路板组件带来合适的温度，同时又不会产生底部过热的现象。

有三种普遍采用的预热处理形式：

1）强迫对流：强迫热空气对流是一种有效和高度均匀的预热方式，尤其适合于水基焊剂，这是因为它能够提供所要求的温度和空气容量，可以将水蒸发掉。

2）石英灯：石英灯是一种短波长红外线（InFrared，IR）加热源，能够做到快速地实现任意所要求的预热温度设置。

3）加热棒：加热棒的热量由具有较长波长的红外线热源所提供。其通常用于实现单一恒定的温度，这是因为它实现温度变化的速度较为缓慢。这种较长波长的红外线能够很好地渗入印制电路板组件之中，以实现快速加热。

（3）焊料波峰

涂敷助焊剂的印制电路板组件离开预热阶段后，通过传输带穿过焊料波峰。焊料波峰是由来自于容器内的熔化了的焊料上下往复运动而形成的，波形的长度、高度和特定的流体动态特性，如紊流或层流，可以通过挡板的强迫限定来实施控制。随着涂敷助焊剂的印制电路板通过焊料波峰，就可以形成焊接点。

紊流焊料波峰相对于稳定、平稳流动的层流焊料波峰来说，具有更多的窜动现象，因此在焊接过程中可以传递更多的能量。焊料紊流的形成可以通过使用焊料泵激励和旋转螺旋推进器来实现。

波峰焊焊接设备可以满足表面贴装技术（SMT）和通孔安装技术（THT）混合组件的紊流波峰。在紊流波峰后面紧接着的层流波峰可以去除多余的焊料，以防止桥接或毛刺现象的产生。

层流波峰能够很好地适用于通孔器件，当印制电路板组件的底部接触到波峰的前端时，组件被加热至焊接温度，焊料被虹吸现象吸入经镀敷的通孔之中。随后印制电路板保持着倾斜的状态，朝着固定的波峰中心移动。因为所产生的速度矢量呈现出垂直方向，所以印制电路板的角度和朝前运行的熔融焊料呈垂直吸取方式。

有些波峰焊焊接设备采用紊流和层流波峰的双波组合形式，通过控制振动，如超声波，也能够给波峰增加能量。

随着波峰的沉入，许多波峰焊接设备采用热风刀，以整平和去除多余的焊料。波峰焊接可以消除或者将所需的手工修正降低至最小程度，尤其是桥接现象的去除。

（4）传输带技术

传输带是一条安放在滚轴上的金属传送带，它支撑着印制电路板移动着通过波峰焊接区域。在该传输带上，印制电路板组件通过金属机械手予以支撑。托架能够进行调整，以满足不同尺寸类型的印制电路板需求，或者按特殊规格尺寸进行制造。机械手传输带是一种相当普及的形式，因为它能够降低劳动强度，并且能够很好地适用于串联式工艺处理，印制电路板组件在出口处自动予以松开。波峰焊接设备的传输带控制着组件通过每个工艺处理步骤的速度和位置，为此，传输带必须运行平稳，并维持一个恒定的速度。此外，应保持印制电路板水平放置，使之处在一个合适的高度。传输带的速度和角度可以进行控制，当组件底部从焊料波峰中出来时，微小的仰角（4°~7°）对改善焊料的脱离（剥脱）是有益的，这样可使细间距引脚之间的焊料桥接现象降低至最小的程度。

1.2.3　回流焊与波峰焊的区别

回流焊工艺是通过重新熔化预先分配到印制板焊盘上的膏状软钎焊料（焊锡膏），实现表面组装元器件焊端或引脚与印制板焊盘间机械与电气连接的软钎焊。波峰焊要先喷助焊剂，再经过预热、焊接、冷却区。回流焊主要焊贴片式元件，波峰焊主要用于焊接插件。

回流焊主要用在SMT行业，它通过热风或其他热辐射传导，将印刷在PCB上的锡膏熔化来完成焊接。波峰焊适用于手插板和点胶板，而且要求所有元器件要耐热，过波表面不可以有带SMT锡膏的元器件，因此SMT锡膏的板子不可以用波峰焊。波峰焊是通过焊料槽将锡条熔成液态，利用电动机搅动形成波，一般用于手插件和SMT点胶板的焊接。随着人们对环境保护意识的增强，波峰焊有了新的焊接工艺。以前往往采用锡铅合金，但是铅是重金属，对人体有很大的伤害，于是有了新工艺的产生。它采用了锡银铜合金和特殊的助焊剂，但焊接要求更高的预热温度。在PCB经过焊接区后要设立冷却区，这是为了防止热冲击对检测的影响。

本 章 小 结

本章主要讲述了电路的焊接技术，包括电烙铁的使用、回流焊和波峰焊。在元器件的手工焊接中，主要使用的是电烙铁，要想使用好电烙铁，完成一项完美的手动焊接，要掌握电烙铁的工作原理、使用过程中的注意事项，以及烙铁头的保养及维护等，同时还要知道焊锡的特性等。回流焊主要用于焊接贴片元器件，波峰焊主要用于焊接插件元器件。通过本章的学习，掌握元器件的焊接工艺要求，为利用立创 EDA 软件设计 PCB 奠定良好的基础。

第2章 常用集成电路

人们为了解决实践上遇到的各种逻辑问题，设计了许多逻辑电路。由于某些逻辑电路经常且大量的出现在各种数字系统中，为了方便使用，各厂家已经把这些逻辑电路制造成中规模集成电路，其常用的产品有运算放大器、比较器、定时器、集成电路、编码器、译码器、锁存器、数据选择器和计数器。本章将进行一一介绍。

2.1 LM358 运算放大器

集成放大电路最初多用于各种模拟信号的运算（如比例、求和、求差、积分、微分……），故被称为集成运算放大电路，简称集成运放。集成运放有同相输入端和反相输入端，"同相"和"反相"是指运放的输入电压与输出电压之间的相位关系。从外部看，可以认为集成运放是一个双端输入、单端输出，是具有高差模电压放大倍数、高输入电阻、低输出电阻、能较好地抑制温漂的差分放大电路。

LM358 是双运算放大器，内部有两个独立的运算放大器，每个运算放大器均具有高增益、内部频率补偿的特点。该运算放大器既适用于电源电压范围很宽的单电源工作模式，又适用于双电源工作模式。在推荐的工作条件下，电源电流与电源电压无关。它的使用范围包括传感放大器、直流增益模块和其他所有可用单电源供电的运算放大器。

2.1.1 工作原理

LM358 引脚示意图如图 2-1 所示。引脚 1、2、3 是一个运放通道，引脚 2 为反相输入端，引脚 3 为同相输入端，引脚 1 作为输出端；引脚 5、6、7 为另一个运放通道，引脚 6 为反相输入端，引脚 5 为同相输入端，引脚 7 作为输出端。引脚 8 为正电源，引脚 4 在双电源工作时为负电源、单电源工作时为地。正常工作时，引脚 8 作为主供电输入，引脚 2 输入电压与引脚 3 输入电压进行比较，若引脚 3 电压大于引脚 2 电压时，引脚 1 输出高电平，反之则输出低电平；同理，引脚 5 输入电压与引脚 6 输入电压进行比较，若引脚 5 输入电压高于引脚 6 输入电压，引脚 7 输出高电平，反之则输出低电平。

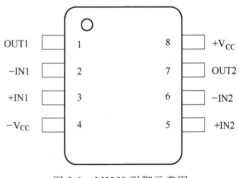

图 2-1 LM358 引脚示意图

2.1.2　典型应用电路

LM358 的典型应用电路如图 2-2、图 2-3 所示。

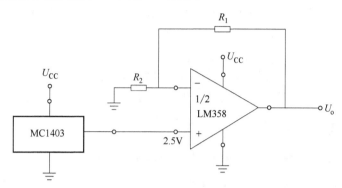

图 2-2　参考电压源

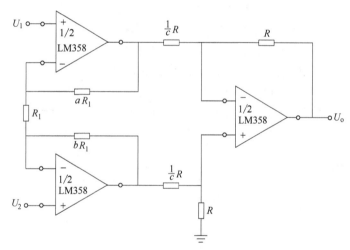

图 2-3　高阻抗差分放大电路

1. 参考电压源

图 2-2 中，MC1403 是一款 2.5V 高精度低压基准芯片。输出电压为

$$U_o = 2.5\left(1 + \frac{R_1}{R_2}\right) \tag{2-1}$$

2. 高阻抗差分放大电路

图 2-3 中输出电压 U_o 为

$$U_o = c(1 + a + b)(U_2 - U_1) \tag{2-2}$$

2.2　LM393 比较器

电压比较器是对输入信号进行限幅与比较的电路，是组成非正弦波发生电路的基本单元电路，在测量和控制系统中有着相当广泛的应用。电压比较器可将模拟信号转换成

二值信号，即只有高电平和低电平两种状态的离散信号，因此可用电压比较器作为模拟电路和数字电路的接口电路。集成电压比较器虽然比集成运放的开环增益低，失调电压大，共模抑制比小；但其响应速度快，传输延迟时间短，而且一般不需要外加限幅电路就可以直接驱动晶体管-晶体管逻辑（TTL）、互补性氧化金属半导体（CMOS）和发射极耦合逻辑（ECL）等集成数字电路；有些芯片带负载能力很强，还可以直接驱动继电器和指示灯。

LM393 是双电压比较器集成电路，其输出负载电阻能衔接在可允许电源电压范围内的任何电源电压上，不受 V_{CC} 端电压值限制。此输出能作为一个简单的对地开关。

2.2.1 工作原理

LM393 引脚图与 LM358 引脚图类似，如图 2-4 所示。

图中，引脚 1、2、3 为一个比较器通道；引脚 5、6、7 为另一个比较器通道。引脚 3、5 为同相输入端，引脚 2、6 为反相输入端，引脚 1、7 为输出，引脚 4 接地，引脚 8 接电源正极。正常工作时，引脚 3 输入电压与引脚 2 输入电压进行比较，若引脚 3 电压高于引脚 2 电压，则引脚 1 输出高电平，反之则输出低电平；同理，引脚 5 输入电压将与引脚 6 输入电压进行比较，若引脚 5 输入电压高于引脚 6 输入电压，则引脚 7 输出高电平，反之则输出低电平。

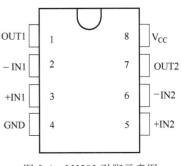

图 2-4 LM393 引脚示意图

2.2.2 典型应用电路

LM393 的典型应用电路如图 2-5、图 2-6 所示。

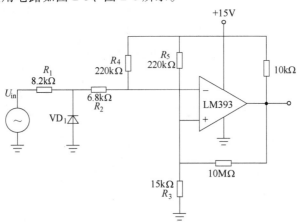

图 2-5 过零比较器（单电源）

1. 过零比较器

图 2-5 中二极管 VD_1 可以防止负极输入电压超过 0.6V，满足式（2-3）和式（2-4）所示关系式：

$$R_1+R_2=R_3 \qquad (2-3)$$

$$R_3 \leqslant \frac{R_5}{10} \qquad (2-4)$$

R_3 与 R_5 在满足式（2-3）和式（2-4）的条件下可以获得更小的过零误差。

2. 滞后比较器

如图 2-6 所示，各项参数满足式（2-5）~式（2-7）。

$$R_S = R_1 \parallel R_2 \qquad (2-5)$$

$$U_{th1} = U_{ref} + \frac{(U_{CC} - U_{ref})R_1}{R_1 + R_2 + R_L} \qquad (2-6)$$

$$U_{th2} = U_{ref} - \frac{(U_{ref} - U_o)R_1}{R_1 + R_2} \qquad (2-7)$$

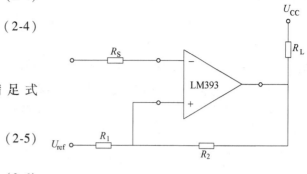

图 2-6　滞后比较器

式中，U_{th1} 为输入电压下降时的阈值电压；U_{th2} 为输入电压上升时的阈值电压；U_o 为 LM393 输出端电压。

2.2.3　LM358 与 LM393 的比较

LM358 是双运算放大器，LM393 是双电压比较器，不能直接替换，但是在某些要求不是很精密的电路中，运放是可以当作电压比较器来使用的。然而，运放不能使用比较器来代替，因为比较器没有放大功能。如果利用 LM358 替换 LM393 时，应去掉原电路中 LM393 输出端的上拉电阻。

虽然在电路图中比较器和运放符号相同，但这两种器件却有非常大的区别。例如，比较器的翻转速度快，大约在纳秒级，而运放翻转速度一般为微秒级（特殊的高速运放除外）；运放可以接入负反馈电路，而比较器不能使用负反馈，虽然比较器也有同相和反相两个输入端，但因为其内部没有相位补偿电路，所以，如果接入负反馈，电路不能稳定工作。内部无相位补偿电路是比较器比运放速度快很多的主要原因。运放输出级一般采用推挽电路，双极性输出，而多数比较器输出级为集电极开路结构，所以需要上拉电阻，单极性输出，容易和数字电路连接。

2.3　555 定时器

555 定时器是一种多用途的数字-模拟混合集成电路，利用它能极方便地构成施密特触发电路、单稳态电路和多谐振荡电路。由于使用灵活、方便，555 定时器在波形的产生与变换、测量与控制、家用电器、电子玩具等许多领域中都得到了应用。

NE555 是属于 555 系列的计时集成电路（IC）的其中一种型号，555 系列 IC 的引脚功能及运用都是相容的，只是不同的型号因其稳定度、耗电、可产生的振荡频率存在差异，其价格也大不相同。作为一种用途很广且相当普遍的计时 IC，555 定时器只需少数的电阻和电容，便可产生数位电路所需的各种不同频率的波形信号。

2.3.1 555定时器的引脚及功能

555定时器引脚如图2-7所示，引脚1接地（GND）；引脚2为低触发端（TRIGGER，简写为TRIG）；引脚3作为输出端（OUTPUT，简写为OUT）；引脚4为置零输入端（RESET），当此引脚接入低电平时，输出端便立即被置成低电平，不受其他输入端状态影响；引脚5为控制电压端（CONTROL VOLTAGE，简写为CONT），若此端外接电压，则可以改变芯片内部两个比较器的基准电压；引脚6为高触发端（THRESHOLD，简写为THRES）；引脚7为放电引脚（DISCHARGE，简写为DISCH）用于给电容放电。

555定时器内部简化原理图如图2-8所示。

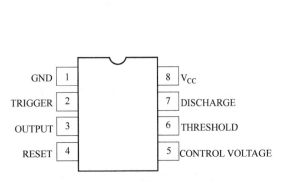

图2-7　555定时器引脚示意图

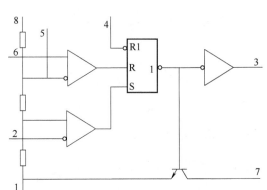

图2-8　555定时器内部简化原理图

从555定时器内部简化原理图中可获得输入与输出功能如表2-1所示。

表2-1　555定时器的功能表

输　入			输　出	
置零端	高触发端	低触发端	输出端	放电晶体管
0	×	×	低	导通
1	1	1	低	导通
1	0	1	不变	不变
1	0	0	高	截止
1	1	0	高	截止

注：1—高电平；0—低电平；×—无关。

2.3.2 典型应用电路

NE555的典型应用电路如图2-9、图2-10所示。

1. 单稳态电路

根据图2-9所示，暂稳态持续时间 t_w 取决于外接电阻 R_1 和外接电容 C_1 的大小，其关系为

$$t_w \approx 1.1 R_1 C_1 \tag{2-8}$$

2. 多谐振荡电路

如图2-10所示，NE555构成的多谐振荡电路充电时间 t_1 为

$$t_1 = (R_1 + R_2) C_1 \ln 2 \tag{2-9}$$

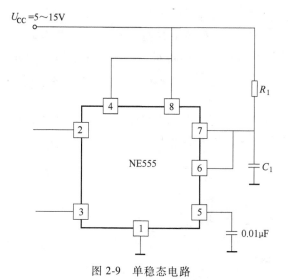

图 2-9 单稳态电路

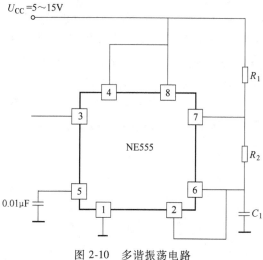

图 2-10 多谐振荡电路

放电时间 t_2 为

$$t_2 = R_2 C_1 \ln 2 \tag{2-10}$$

故振荡周期为

$$t = t_1 + t_2 = (R_1 + 2R_2) C_1 \ln 2 \tag{2-11}$$

振荡频率为

$$f = \frac{1}{t} = \frac{1}{(R_1 + 2R_2) C_1 \ln 2} \tag{2-12}$$

2.4 TL494 集成电路

TL494 是一种开关电源脉冲宽度调制（PWM）控制芯片。脉冲宽度调制即利用微处理器的数字输出来对模拟电路进行控制的一种非常有效的技术，通过在合适的信号频率下改变一个周期内的占空比的方式来改变输出的有效电压，广泛应用在测量、通信、功率控制与变换的领域中。

TL494 包含了电源控制所需的全部功能，被广泛应用于单端正激双管式、半桥式、全桥式等开关电源。

2.4.1 TL494 芯片的引脚及功能

TL494 芯片引脚如图 2-11 所示，引脚 1 为误差放大器 1（Error Amp1）的同相输入端；引脚 2 为误差放大器 1 的反相输入端；引脚 3 为反馈端，用于误差放大器输出信号的反馈补偿；引脚 4 为死区时间控制端（Deadtime Control）；引脚 5 为振荡器（Oscillator）的定时电容端；引脚 6 为振荡器的定时电阻端；引脚 7 为接地端（Ground）；引脚 8 为第一路脉宽调制方波输

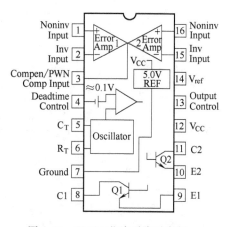

图 2-11 TL494 芯片引脚示意图

15

出晶体管的集电极；引脚 9 为第一路脉宽调制方波输出晶体管的发射极；引脚 10 为第二路脉宽调制方波输出晶体管的发射极；引脚 11 为第二路脉宽调制方波输出晶体管的集电极；引脚 12 为电源输入端；引脚 13 为输出方式控制端（Output Control，OC）；引脚 14 为基准 5V 电压输出端，用于为各个比较电路提供基准电压值；引脚 15 为误差放大器 2 的反相输入端；引脚 16 为误差放大器 2 的同相输入端。

TL494 是一个固定频率的脉冲宽度调制电路，其原理框图如图 2-12 所示，内置了线性锯齿波振荡器，振荡频率可通过外部的一个电阻和一个电容进行调节，其振荡频率为

$$f_{osc} \approx \frac{1.1}{R_T C_T} \tag{2-13}$$

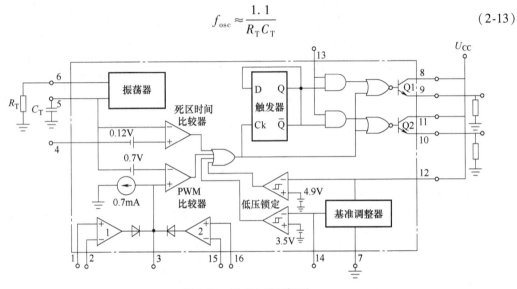

图 2-12　TL494 原理框图

2.4.2　应用电路

TL494 的应用电路如图 2-13、图 2-14 所示。

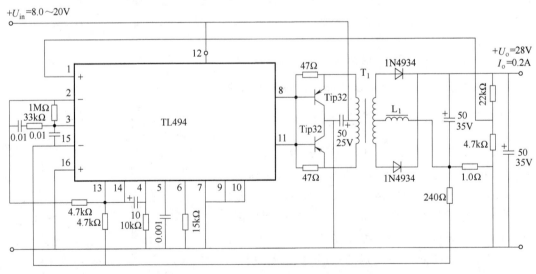

图 2-13　脉宽调制推挽变换器

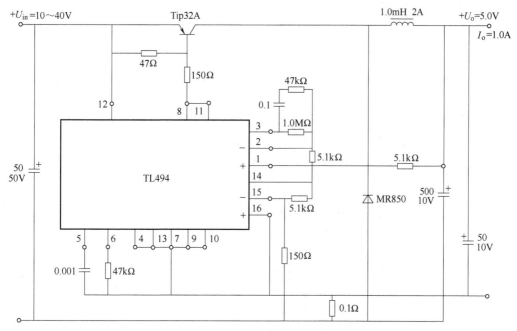

图 2-14 脉宽调制降压转换器

1. 脉宽调制推挽变换器

图 2-13 中所有电容元件的单位为 μF，电路中晶体管的型号为 Tip32。

2. 脉宽调制降压转换器

图 2-14 中所有电容元件的单位为 μF，电路中晶体管的型号为 Tip32A。由式（2-13），代入 R_T 与 C_T 数据计算可得图中振荡频率约为 23.4kHz。

2.5 74LS148 编码器

生活中常用十进制数及文字、符号表示事物，而数字电路只能以二进制信号工作。所谓编码，就是将字母、数字、符号等信息编成一组二进制代码的过程。

编码本质上是将信息从一种形式转换为另一种形式。实现编码的逻辑电路，称为编码器（Encoder）。编码器是按照规定的方式将信号或者数据进行编制，转换为可用于通信、传输和存储的信号形式的一种设备，即将一系列不同的事物用有区别的二值代码表示。最常见的计算机键盘中就含有编码器器件，当按下键盘上的按键时，编码器将按键信息转换为二进制代码，并将这组二进制代码送到计算机进行处理。在二值逻辑电路中，信号通常以高、低电平的形式给出，因此，编码器的逻辑功能是将输入的每一个高、低电平信号编成一个对应的二进制代码。

目前经常使用的编码器有普通编码器和优先编码器。在普通编码器中，任何时刻只允许输入一个编码信息，否则输出将发生混乱。在优先编码器中，允许同时输入两个以上的有效编码请求信号，当几个输入信号同时出现时，只对其中优先权最高的一个进行编码，优先级别的高低由设计者根据输入信号的轻重缓急进行排序。74LS148 是比较常用的一种 8-3 线优先编码器，它的输入和输出均以低电平为有效信号，逻辑原理图如图 2-15 所示。

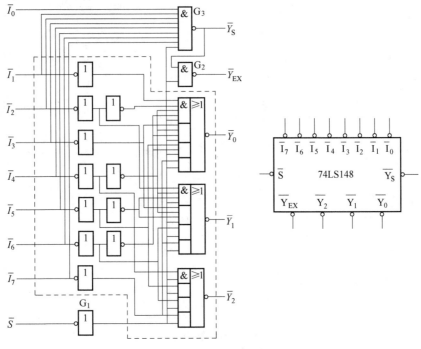

图 2-15　74LS148 逻辑原理图

根据图 2-15 所示，可以确定输入输出关系功能表如表 2-2 所示。

表 2-2　74LS148 功能表

输　入									输　出				
$\bar{S}$	$\bar{I}_0$	$\bar{I}_1$	$\bar{I}_2$	$\bar{I}_3$	$\bar{I}_4$	$\bar{I}_5$	$\bar{I}_6$	$\bar{I}_7$	$\bar{Y}_2$	$\bar{Y}_1$	$\bar{Y}_0$	$\bar{Y}_S$	$\bar{Y}_{EX}$
1	×	×	×	×	×	×	×	×	1	1	1	1	1
0	1	1	1	1	1	1	1	1	1	1	1	0	1
0	×	×	×	×	×	×	×	0	0	0	0	1	0
0	×	×	×	×	×	×	0	1	0	0	1	1	0
0	×	×	×	×	×	0	1	1	0	1	0	1	0
0	×	×	×	×	0	1	1	1	0	1	1	1	0
0	×	×	×	0	1	1	1	1	1	0	0	1	0
0	×	×	0	1	1	1	1	1	1	0	1	1	0
0	×	0	1	1	1	1	1	1	1	1	0	1	0
0	0	1	1	1	1	1	1	1	1	1	1	1	0

注：1—高电平；0—低电平；×—无关。

74LS148 逻辑功能描述：

1）编码输入端：逻辑符号输入端 $\bar{I}_0 \sim \bar{I}_7$ 上横线表示编码输入低电平有效。$\bar{I}_7$ 的优先权最高，$\bar{I}_0$ 的优先权最低。当 $\bar{I}_7 = 0$ 时，无论其他几个输入端有无输入信号（表中以×表示），输出端只给出 $\bar{I}_7$ 的编码，即 $\bar{Y}_2\bar{Y}_1\bar{Y}_0 = 000$；当 $\bar{I}_7 = 1$，$\bar{I}_6 = 0$ 时，无论其他输入端有无输入信号，只对 $\bar{I}_6$ 编码，输出为 $\bar{Y}_2\bar{Y}_1\bar{Y}_0 = 001$。其余输入状态读者可据此自行分析。当 $\bar{I}_0 \sim \bar{I}_7$ 全为 1 时，表示允许编码，但无有效编码请求。

2）编码输出端 $\bar{Y}_2$、$\bar{Y}_1$、$\bar{Y}_0$，从功能表中可以看出，74LS148 编码器的编码输出是反码。

3）选通输入端：只有在 $\bar{S} = 0$ 时，编码器才处于工作状态；在 $\bar{S} = 1$ 时，编码器处于禁止状态，所有输出端均被封锁为高电平。

4）选通输出端 $\bar{Y}_S$ 和扩展输出端 $\bar{Y}_{EX}$ 为扩展编码器功能而设置。表 2-2 中出现的三种 $\bar{Y}_2\bar{Y}_1\bar{Y}_0 = 111$ 的情况可以通过 $\bar{Y}_S$ 和 $\bar{Y}_{EX}$ 的不同状态加以区分。当 $\bar{Y}_S = 0$ 时，表示允许编码，但是无有效编码请求权；当 $\bar{Y}_{EX} = 0$ 时，表示正在优先编码。

2.6 74LS138 译码器

2.5 节已介绍编码和编码器的概念，本节将继续学习译码器。所谓译码，即编码的逆过程，将编码时赋予代码的特定含义"翻译"出来。译码器是实现译码功能的电路，其逻辑功能是将每个输入的二进制代码译成对应的高、低电平信号或另外一个代码输出。编译码的信息转换过程如图 2-16 所示，由此可看出编码和译码的关系。

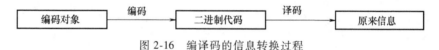

图 2-16　编译码的信息转换过程

常用的译码器电路有二进制译码器、二-十进制译码器和显示译码器三类。二进制译码器的输入是一组二进制代码，输出是一组与输入代码一一对应的高、低电平信号。图 2-17 是二进制译码器的框图。输入的三位二进制代码共有八种输出状态，译码器将每个输入代码译成对应的一根输出线上的高、低电平信号。因此，该译码器也称为 3-8 线译码器。

74LS138 是常用的 3-8 线译码器，图 2-18 所示为 74LS138 逻辑框图，根据输入输出关系可确定 74LS138 功能表如表 2-3 所示。

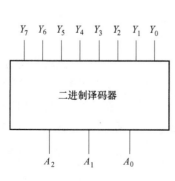

图 2-17　二进制译码器框图

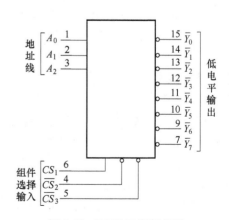

图 2-18　74LS138 逻辑框图

表 2-3　74LS138 功能表

输　入						输　出							
CS_1	$\overline{CS_2}$	$\overline{CS_3}$	A_2	A_1	A_0	$\overline{Y_0}$	$\overline{Y_1}$	$\overline{Y_2}$	$\overline{Y_3}$	$\overline{Y_4}$	$\overline{Y_5}$	$\overline{Y_6}$	$\overline{Y_7}$
×	×	1	×	×	×	1	1	1	1	1	1	1	1
×	1	×	×	×	×	1	1	1	1	1	1	1	1
0	×	×	×	×	×	1	1	1	1	1	1	1	1
1	0	0	0	0	0	0	1	1	1	1	1	1	1
1	0	0	0	0	1	1	0	1	1	1	1	1	1
1	0	0	0	1	0	1	1	0	1	1	1	1	1
1	0	0	0	1	1	1	1	1	0	1	1	1	1
1	0	0	1	0	0	1	1	1	1	0	1	1	1
1	0	0	1	0	1	1	1	1	1	1	0	1	1
1	0	0	1	1	0	1	1	1	1	1	1	0	1
1	0	0	1	1	1	1	1	1	1	1	1	1	0

注：1—高电平；0—低电平；×—无关。

74LS138 译码器逻辑功能概述：

1）译码输入端：74LS138 译码器有 A_2、A_1、A_0 三个输入端，输入三位二进制代码，对应八种输出状态。

2）译码输出端：逻辑符号输出端 $\overline{Y_0} \sim \overline{Y_7}$ 为译码输入低电平有效。当译码器处于工作状态时，每输入一个二进制代码将使对应的一个输出端为低电平，而其他输出端均为高电平，也称为对应的输出端被"译中"。74LS138 输出端被"译中"时为低电平。

3）控制端：74LS138 有三个附加的控制端 CS_1，$\overline{CS_2}$ 和 $\overline{CS_3}$。只有在 $CS_1 = 1$、$\overline{CS_2} + \overline{CS_3} = 0$（即 $CS_1 = 1$、$\overline{CS_2}$ 和 $\overline{CS_3}$ 均为 0）时，译码器处于工作状态。否则，译码器被禁止，所有的输出端被封锁在高电平。所以这三个控制端也称为"片选"输入端，利用其片选的作用可以将多片连接起来以扩展译码器的功能。

在逻辑框图中，为了强调"低电平有效"，会在图外部相应的输入或输出端加画小圆圈，如图 2-18 所示。

2.7　74LS373 锁存器

锁存器是一种对脉冲电平敏感的存储单元电路，数据存储的动作取决于输入时钟（或使能）信号的电平值，当锁存器处于使能状态时，输出才会随着数据输入发生变化。而74LS373 是带三态缓冲输出的 8D 型锁存器，常被应用在单片机系统中，每个锁存器都具有独立的 D 型输入，输出端 $Q_0 \sim Q_7$ 可直接与总线相连。

74LS373 锁存器引脚示意图如图 2-19 所示。

图中，引脚 1 为三态允许控制端且低电平有效；引脚 10 为接地端；引脚 11 为锁存器使

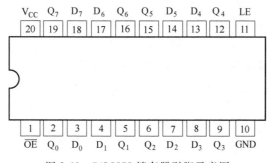

图 2-19 74LS373 锁存器引脚示意图

能端且高电平有效；引脚 20 为电源正极；引脚 2、5、6、9、12、15、16、19 即 $Q_0 \sim Q_7$ 为数据输出端；引脚 3、4、7、8、13、14、17、18 即 $D_0 \sim D_7$ 为数据输入端。

74LS373 的逻辑原理图如图 2-20 所示。

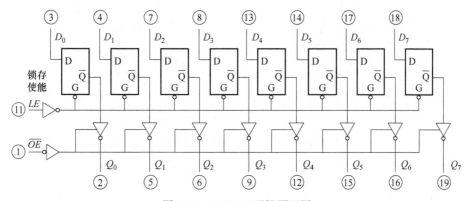

图 2-20 74LS373 逻辑原理图

74LS373 的真值表如表 2-4 所示。

表 2-4 74LS373 真值表

输 入			输 出
$\overline{OE}$	LE	D_n	Q_n
0	1	1	1
0	1	0	0
0	0	×	保持
1	×	×	Z

注：1—高电平；0—低电平；Z—高阻抗；×—无关。

2.8 74LS151 数据选择器

在数字信号的传输过程中，有时需要从一组输入数据中选出某一个数据，这时需要用到数据选择器。数据选择器又称为多路转换器，其功能是从一组数据中选择某个数据输出。常用的数据选择器有 2 选 1 数据选择器、4 选 1 数据选择器、8 选 1 数据选择器。

8 选 1 数据选择器是从 8 个输入数据中选出一个送到输出端。74LS151 是一种常用的 8 选 1 数据选择器，其逻辑符号示意图如图 2-21 所示，其中未给出的引脚 8 接地（GND），引脚 16 接电源端（V_{CC}）；其逻辑原理图如图 2-22 所示，其真值表如表 2-5 所示。下面以 74LS151 为例，分析它的工作原理。

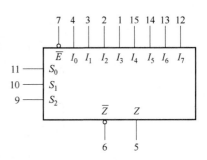

图 2-21　74LS151 逻辑符号示意图

如图 2-23 所示为 74LS151 逻辑功能框图，它有八个数据输入端 $I_0 \sim I_7$，三个地址输入端 $S_0 \sim S_2$，一个选通控制端 $\overline{E}$，两个互补输出端 Z 和 $\overline{Z}$，能得到原码和反码两种输入信号。$\overline{E} = 1$ 时，选择器被封锁，输出 $Z = 0$ 恒成立；$\overline{E}$ 为低电平使能端，即 $\overline{E} = 0$ 时，选择器正常工作。

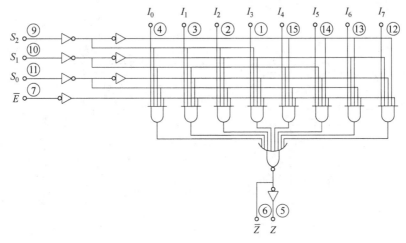

图 2-22　74LS151 逻辑原理图

表 2-5　74LS151 真值表

$\overline{E}$	S_2	S_1	S_0	I_0	I_1	I_2	I_3	I_4	I_5	I_6	I_7	$\overline{Z}$	Z
1	×	×	×	×	×	×	×	×	×	×	×	1	0
0	0	0	0	0	×	×	×	×	×	×	×	1	0
0	0	0	0	1	×	×	×	×	×	×	×	0	1
0	0	0	1	×	0	×	×	×	×	×	×	1	0
0	0	0	1	×	1	×	×	×	×	×	×	0	1
0	0	1	0	×	×	0	×	×	×	×	×	1	0
0	0	1	0	×	×	1	×	×	×	×	×	0	1
0	0	1	1	×	×	×	0	×	×	×	×	1	0
0	0	1	1	×	×	×	1	×	×	×	×	0	1
0	1	0	0	×	×	×	×	0	×	×	×	1	0
0	1	0	0	×	×	×	×	1	×	×	×	0	1
0	1	0	1	×	×	×	×	×	0	×	×	1	0

（续）

$\overline{E}$	S_2	S_1	S_0	I_0	I_1	I_2	I_3	I_4	I_5	I_6	I_7	$\overline{Z}$	Z
0	1	0	1	×	×	×	×	×	1	×	×	0	1
0	1	1	0	×	×	×	×	×	×	0	×	1	0
0	1	1	0	×	×	×	×	×	×	1	×	0	1
0	1	1	1	×	×	×	×	×	×	×	0	1	0
0	1	1	1	×	×	×	×	×	×	×	1	0	1

注：1—高电平；0—低电平；×—无关。

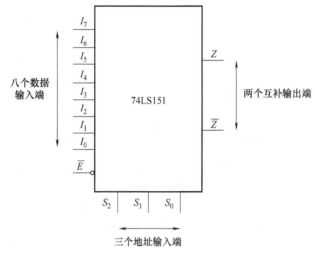

图 2-23　74LS151 逻辑功能框图

2.9　74LS161 计数器

计数是一种最简单、最基本的运算，计数器就是实现这种运算的逻辑电路。计数器在数字系统中主要是对脉冲的个数进行计数，以实现测量、计数和控制的功能，同时兼有分频功能。计数器是由基本的计数单元和一些控制门所组成，计数单元则由一系列具有存储信息功能的各类触发器构成，这些触发器有 RS 触发器、T 触发器、D 触发器及 JK 触发器等。

按照计数器中的触发器是否同时翻转脉冲信号分类，可将计数器分为同步计数器和异步计数器两种。同步计数器是指计数器内各触发器共同使用同一个输入的时钟，在同一个时刻翻转，计数速度快。异步计数器是指计数器内各触发器的输入时钟信号的来源不同，各电路的翻转时刻也不一样，因此计数速度慢。

74LS161 是四位二进制同步加法计数器，除了有二进制加法计数功能外，该计数器能同步并行预置数据，具有异步清零、同步置数、计数和保持功能，具有进位输出端，可以串接计数器使用。

74LS161 的引脚排列图和逻辑功能图如图 2-24 和图 2-25 所示。各引出端的逻辑功能如下：引脚 1 为异步清零端（$\overline{R}$），低电平有效。引脚 2 为时钟脉冲输入端（CP），上升沿有效（CP↑）。引脚 3~6 为数据输入（预置）端（$P_0 \sim P_3$），可预置任意四位二进制数。引脚

7 和引脚 10 分别为计数控制端 CEP 和 CET，也称为计数使能端，当其中一个引脚为低电平时计数器保持状态不变，当均为高电平时为计数状态。引脚 9 为同步并行置数控制端（PE），低电平有效。引脚 14~11 为数据输出端（Q_0~Q_3）。引脚 15 为进位输出端（TC），高电平有效。74LS161 可编程计数器的真值表如表 2-6 所示。

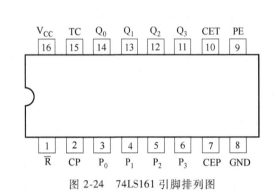

图 2-24　74LS161 引脚排列图

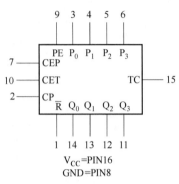

图 2-25　74LS161 逻辑功能图

表 2-6　74LS161 可编程计数器的真值表

输　入									输　出			
$\overline{R}$	PE	CEP	CET	CP	P_3	P_2	P_1	P_0	Q_3	Q_2	Q_1	Q_0
0	×	×	×	×	×	×	×	×	0	0	0	0
1	0	×	×	↑	P_3	P_2	P_1	P_0	Q_3	Q_2	Q_1	Q_0
1	1	1	1	↑	×	×	×	×	计　　数			
1	1	0	×	×	×	×	×	×	保　　持			
1	1	×	0	×	×	×	×	×	保　　持			

注：1—高电平；0—低电平；↑—上升沿；×—无关。

当清零端 $\overline{R} = 0$ 时，无论其他几个输入端是否有输入信号，都直接执行复位置零功能。此时不需要等待引脚 CP 的时钟信号，74LS161 具有异步清零功能。当清零端 $\overline{R} = 1$，$PE = 0$，CP 时钟信号为上升沿时，输出等于输入，实现同步置数，相当于寄存器。其余输入状态读者可据此自行分析。

常用的四位二进制同步计数器除了 74LS161 外，还有 74LS163。两者功能一样，芯片引脚排列方式相同，只是清除方式不同，74LS161 是同步清除，74LS163 是异步清除。

本 章 小 结

本章主要讲述了电子系统综合实践过程中常用的集成电路，包括运算放大器、比较器、定时器、编码器、译码器、锁存器、数据选择器和计数器等。

LM358 是双运算放大器，适合于电源电压范围很宽的单电源使用，也适用于双电源工作模式。它的使用范围包括传感放大器、直流增益模块和其他所有可用单电源供电使用的运算放大器。LM393 是双电压比较器，比较器没有放大功能，多数比较器输出级为集电极开路结构，所以需要上拉电阻，单极性输出，容易和数字电路连接。555 定时器是一种多用途的数字-模拟混合集成电路，利用它能极方便地构成施密特触发电路、单稳态电路和多谐振荡电路；555 定时器只需少数的电阻和电容，便可产生数位电路所需的各种不同频率的波形信号。TL494 是一种开关电源脉冲宽度调制（PWM）控制芯片，其广泛应用在测量、通信、功率控制与变换的许多领域中。74LS148 是比较常用的一种 8-3 线优先编码器，它的逻辑功能是将输入的每一个高、低电平信号编码成一个对应的二进制代码，它的输入和输出均以低电平为有效信号。74LS138 是常用的 3-8 线译码器，输入的三位二进制代码共有 8 种状态，译码器将每个输入代码译成对应的一根输出线上的高、低电平信号。74LS373 锁存器是一种对脉冲电平敏感的存储单元电路，数据存储的动作取决于输入时钟（或使能）信号的电平值，当锁存器处于使能状态时，输出才会随着数据输入发生变化。本章还讲述了数据选择器、计数器等内容。通过本章的学习，希望读者可以在电子系统综合实践中掌握更多信号的采集手段和驱动方法。

第3章　常用传感器

3.1　传感器的定义

传感器是能够感受规定的被测量并按一定规律转换成可用输出信号的器件或装置的总称。GB/T 7665—2005 对传感器（Sensor/Transducer）的定义是：能感受被测量并按照一定的规律转换成可用输出信号的器件或装置，通常由敏感元件和转换元件组成。以上定义表明：传感器是由敏感元件和转换元件构成的检测装置；能按一定规律将被测量转换成信号输出；传感器的输出与输入之间存在确定的关系。

每个传感器都是一个信息源，不同类别的传感器所捕获的信息内容和格式不同。传感器获得的数据具有实时性，其按一定的频率周期性地采集环境信息，不断更新数据。如果没有传感器对被测的原始信息进行准确可靠的捕获和转换，一切准确的测试与控制都将无法实现，即使最现代化的电子计算机，没有准确的信息（或转换可靠的数据）和不失真的输入，也将无法充分发挥其应有的作用。

传感器的种类繁多，原理也各不相同。传感器的精度和范围是根据需要来选定的，过宽的范围会使测量精度降低，过高的精度要求对某些应用意义不大；而且会造成成本过高以及工艺上困难的增加。因此，应根据测量对象的要求，恰当地选择传感器的精度和范围是至关重要的。无论何种条件、场合使用的传感器，均要求其性能稳定，数据可靠，经久耐用。

3.2　传感器的组成和分类

通常，传感器由敏感元件和转换元件组成。其中，敏感元件是指传感器中能直接感受或响应被测量的部分；转换元件是指传感器中能将敏感元件感受或响应的被测量转换成适于传输或测量的电信号部分。传感器的输出信号通常是电信号，它便于传输、转换、处理、显示等。电信号有很多形式，如电压、电流、电容、电阻等，输出信号的形式由传感器的原理确定。由于传感器的输出信号一般都很微弱，需要有信号调理转换电路进行放大、运算调制等，此外信号调理转换电路以及传感器的工作必须有辅助的电源，因此信号调理转换电路以及所需的电源都应作为传感器组成的一部分。随着半导体器件与集成技术在传感器中的应用，传感器的信号调理转换电路与敏感元件一起集成在同一芯片上，安装在传感器的壳体里。图 3-1 所示为传感器的组成框图。

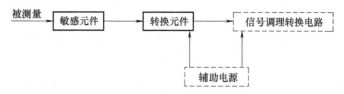

图 3-1　传感器组成框图

传感器技术是一门知识密集型技术。传感器与许多学科有关，分类方法也很多，但目前一般采用两种分类方法：一种是按被测参数分类，如温度、压力、位移、速度等；另一种是按传感器的工作原理分类，如应变式、电容式、压电式、磁电式等。

3.3　传感器的基本特性

3.3.1　传感器的静态特性

传感器的静态特性是指被测量的值处于稳定状态时的输出与输入的关系。如果被测量是一个不随时间变化，或随时间变化缓慢的量，可以只考虑其静态特性，这时传感器的输入量与输出量之间在数值上一般具有一定的对应关系，关系式中不含有时间变量。对于传感器的静态特性而言，其输入量 x 与输出量 y 之间的关系通常可用式（3-1）所示的多项式表示：

$$y = a_0 + a_1 x + a_2 x^2 + \cdots + a_n x^n \tag{3-1}$$

式中，a_0 是输入量 x 为零时的输出量；a_1、a_2、$\cdots$、a_n 均是非线性项系数。

式（3-1）中各项系数决定了特性曲线的具体形式。传感器的静态特性可以用一组性能指标来描述，如灵敏度、线性度、迟滞、重复性和漂移等。

1. 灵敏度

灵敏度是传感器静态特性的一个重要指标。其定义是输出量增量 Δy 与引起 Δy 的相应输入量增量 Δx 之比。用 S 表示灵敏度，即 $S = \dfrac{\Delta y}{\Delta x}$，它表示单位输入量的变化所引起的传感器输出量的变化。很显然，灵敏度 S 值越大，表示传感器越灵敏，如图 3-2 所示。

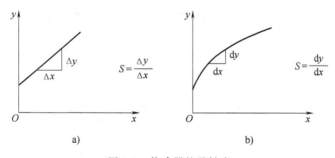

图 3-2　传感器的灵敏度
a）线性　b）非线性

2. 线性度

线性度是指传感器的输出与输入之间线性关系的程度。输出与输入关系可分为线性特性和非线性特性。从传感器的性能角度看，希望其具有线性关系，即理想的输入输出关系。但实际遇到的传感器大多为非线性关系。

在实际使用中，线性关系可以方便传感器的标定和数据处理，因此需要引入各种非线性补偿环节，如采用非线性补偿电路或计算机软件进行线性化处理，从而使传感器的输出与输入关系为线性或接近线性。如果传感器非线性的方次不高，输入量变化范围较小，则可用一条直线（切线或割线）近似地代表实际曲线的一段，使传感器的输入输出特性线性化，所采用的直线称为拟合直线。选取拟合直线的方法很多，图 3-3 所示为几种常用的直线拟合方法。

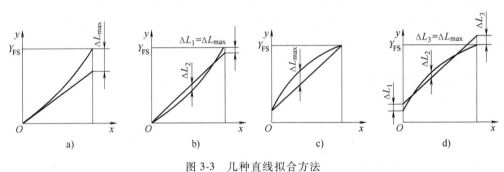

图 3-3　几种直线拟合方法

a）理论拟合　b）过零旋转拟合　c）端点连线拟合　d）端点平移拟合

传感器的线性度可表示为在全量程范围内实际特性曲线与拟合直线之间的最大偏差值 $\Delta L_{\max}$ 与满量程输出值 Y_{FS} 之比，如图 3-4 所示。线性度也称为非线性误差，用 γ_L 表示，即

$$\gamma_L = \pm \frac{\Delta L_{\max}}{Y_{FS}} \times 100\% \qquad (3-2)$$

式中，$\Delta L_{\max}$ 是最大非线性绝对误差；Y_{FS} 是满量程输出值。

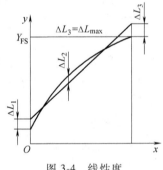

图 3-4　线性度

3. 迟滞

传感器在输入量由小到大（正行程）及输入量由大到小（反行程）变化期间，其输入输出特性曲线不重合的现象称为迟滞，如图 3-5 所示。也就是说，对于同一大小的输入信号，传感器的正反行程输出信号大小不相等，这个差值称为迟滞差值。传感器在全量程范围内最大的迟滞差值 $\Delta H_{\max}$ 与满量程输出值 Y_{FS} 之比称为迟滞误差，用 γ_H 表示，即

$$\gamma_H = \frac{\Delta H_{\max}}{Y_{FS}} \times 100\% \qquad (3-3)$$

这种现象是由于传感器敏感元件材料的物理性质和机械部件的缺陷所造成的，如弹性敏感元件弹性滞后、运动部件摩擦、传动机构的间隙、紧固件松动等。

4. 重复性

重复性是指传感器在输入量按同一方向做全量程连续多次变化时，所得特性曲线不一致的程度，如图 3-6 所示。重复性误差属于随机误差，常用标准差 σ 计算，也可用正反行程中最大不重复差值 $\Delta R_{\max}$（最小值与最大值的差值）

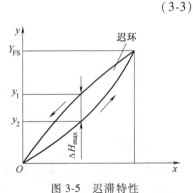

图 3-5　迟滞特性

与满量程输出值 Y_{FS} 之比进行计算，即

$$\gamma_R = \pm\frac{(2\sim3)\sigma}{Y_{FS}}\times100\% \tag{3-4}$$

或

$$\gamma_R = \pm\frac{\Delta R_{max}}{Y_{FS}}\times100\% \tag{3-5}$$

式中，γ_R 是重复性误差。

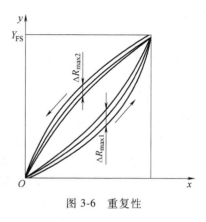

图 3-6　重复性

5. 漂移

传感器的漂移是指在输入量不变的情况下，传感器输出量随着时间变化的现象。产生漂移的原因主要有两个：一是传感器自身结构参数的变化；二是周围环境（如温度、湿度等）的变化。最常见的漂移是温度漂移，即周围环境温度变化而引起的输出变化。

温度漂移通常用传感器工作环境温度偏离标准环境温度（一般为 20℃）时的输出值变化量与温度变化量之比（ξ）来表示，即

$$\xi = \frac{y_t - y_{20}}{\Delta t} \tag{3-6}$$

式中，Δt 是工作环境温度 t 偏离标准环境温度 t_{20} 之差，即 $\Delta t = t - t_{20}$；y_t 是传感器在环境温度 t 时的输出；y_{20} 是传感器在环境温度 t_{20} 时的输出。

传感器检测外部参数后，会传回模拟、数字信号，由于外部环境等的干扰，导致传回的信号中掺杂了干扰信号，而传感器在进行信号传回时需要将信号放大（由于未处理的信号很小），因此在放大正确信号的同时把干扰信号也放大了。若刚开始时干扰信号就比较大，经过放大后，干扰信号将成为主要的信号，使本来正确的信号变为以干扰信号为主导的信号，这时传感器所传送信号已经发生了改变，也会发生漂移。

3.3.2　传感器的动态特性

传感器的动态特性是指输入量随时间变化时传感器的响应特性。由于传感器的惯性和滞后，当被测量随时间变化时，传感器的输出往往来不及达到平衡状态，处于动态过渡过程之中，所以传感器的输出量也是时间函数，其与输入量的关系用动态特性来表示。一个动态特性好的传感器，其输出将再现输入量的变化规律，即具有相同的时间函数。但在实际的传感器中，输出信号不会与输入信号具有相同的时间函数，这种输出与输入间的差异就是动态误差。

为了说明传感器的动态特性，下面简要介绍动态测温问题。当被测温度随时间变化或传感器突然插入被测介质中，以及传感器以扫描方式测量某温度场的温度分布等情况时，都存在动态测温问题。如在 τ_0 时刻，把一支热电偶从温度为 t_0 的环境中迅速插入一个温度为 t_1 的恒温水槽中（插入时间忽略不计），这时热电偶测量的介质温度从 t_0 突然上升到 t_1，而热电偶在反映温度从 t_0 变化到 t_1 时需要经历一段时间，即有一段过渡过程，如图 3-7 所示。热电偶反映出来的温度与其介质温度的差值就称为动态误差。

造成热电偶输出波形失真和产生动态误差的原因，是因为温度传感器有热惯性（由传

感器的比热容和质量大小决定）和传热热阻，使得在动态测温时传感器的输出总是滞后于被测量的温度变化。这种热惯性是热电偶固有的，决定了热电偶在测量快速温度变化时会产生动态误差。所有传感器都有影响其动态特性的"固有因素"，只不过它们的表现形式和作用程度不同而已。

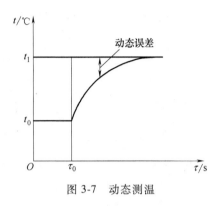

图 3-7　动态测温

动态特性除了与传感器的固有因素有关外，还与传感器输入量的变化形式有关。也就是说，我们在研究传感器动态特性时，通常是根据不同输入变化规律来考察传感器的响应特性的。

虽然传感器的种类和形式很多，但一般都可以简化为一阶或二阶系统（高阶可以分解成若干个低阶环节），因此一阶和二阶传感器是最基本的。对传感器动态特性的分析此处不再赘述。

3.4　温度传感器

在工程中，无论是简单还是复杂的温度传感器，就测量系统的功能而言，通常由现场的感温元件和控制室的显示装置两部分组成，如图 3-8 所示。图中，E_t 是此时的温度传感器的能量，R_t 是此时的电阻值。简单的温度传感器往往是和显示器组成一体的，一般在现场使用。

图 3-8　温度传感器组成框图

3.4.1　热电阻温度传感器

热电阻温度传感器是利用导体或半导体的电阻值随温度变化而变化的原理进行测温的。常用的热电阻温度传感器分为金属热电阻和半导体热电阻两大类，一般把金属热电阻称为热电阻，而把半导体热电阻称为热敏电阻。作为量值传递的热电阻温度传感器，我们通常称为标准电阻温度计，如标准铂电阻温度计是作为复现国际温标的标准仪器。

用于制造热电阻的材料应具有尽可能大且稳定的电阻温度（R-t）系数和电阻率，R-t 最好呈线性关系，物理化学性能稳定，复现性好等。目前能满足上述要求的金属材料中应用最广的是铂、铜、镍等，半导体材料有锗、硅、碳等。

热电阻广泛用来测量 $-200 \sim 850℃$ 范围内的温度，少数情况下，低温可测量至 1K（开尔文），高温达 1000℃。实际使用时热电阻温度传感器由热电阻、连接导线及显示仪表组成，如图 3-9 所示。热电阻也可与温度变送器连接，转换为标准电流信号输出。

1. 常用热电阻

在实际应用中，金属热电阻的应用较多，常用的金属热电阻有铂热电阻和铜热电阻。

（1）铂热电阻

铂热电阻的特点是精度高、稳定性好、性能可靠，所以在温度传感器中得到了广泛应用。按国际电工委员会（IEC）标准，铂热电阻的使用温度范围为 $-200 \sim 850℃$。铂热电阻

图 3-9 热电阻温度传感器

的特性方程在-200~0℃的温度范围内为

$$R_t = R_0\left[1+At+Bt^2+Ct^3(t-100)\right] \tag{3-7}$$

在 0~850℃ 的温度范围内为

$$R_t = R_0\left[1+At+Bt^2\right] \tag{3-8}$$

式中，R_t 和 R_0 为温度为 t 和 0℃时的电阻值；A、B 和 C 是常数。

在 ITS-90 中，这些常数规定为：$A = 3.9083\times10^{-13}/℃$；$B = -5.775\times10^{-7}/℃^2$；$C = -4.183\times10^{-12}/℃^4$。

从上式看出，热电阻在温度 t 时的电阻值与 0℃时的电阻值 R_0 有关。目前我国规定工业用铂热电阻有 $R_0 = 10\Omega$ 和 $R_0 = 100\Omega$ 两种，它们的分度号分别为 Pt10 和 Pt100，其中以 Pt100 较为常用。铂热电阻不同分度号亦有相应分度表，即 $R_t\text{-}t$ 的关系表，这样在实际测量中，只要测得热电阻的阻值 R_t，便可以从分度表中查出对应的温度值。Pt100 的分度表如图 3-10 所示。

分度号：Pt100 $R_0 = 100\Omega$

温度/℃	0	10	20	30	40	50	60	70	80	90
	电阻 /Ω									
−200	18.49									
−100	60.25	56.19	52.11	48.00	43.87	39.71	35.53	31.32	27.08	22.80
0	100.00	96.09	92.16	88.22	84.27	80.31	76.33	72.33	68.33	64.30
0	100.00	103.90	107.79	111.67	115.54	119.40	123.24	127.07	130.89	134.70
100	138.50	142.29	146.06	149.82	153.58	157.31	161.04	164.76	168.46	172.16
200	175.84	179.51	183.17	186.82	190.45	194.07	197.69	201.29	204.88	208.45
300	212.02	215.57	219.12	222.65	226.17	229.67	233.17	236.65	240.13	243.59
400	247.04	250.48	253.90	257.32	260.72	264.11	267.49	270.86	274.22	277.56
500	280.90	284.22	287.53	290.83	294.11	297.39	300.65	303.91	307.15	310.38
600	313.59	316.80	319.99	323.18	326.35	329.51	332.66	335.79	338.92	342.03
700	345.13	348.22	351.30	354.37	357.37	360.47	363.50	366.52	369.53	372.52
800	375.51	378.48	381.45	384.40	387.34	390.26				

图 3-10 Pt100 的分度表

铂热电阻中的铂丝纯度用电阻比 $W(100)$ 表示，即

$$W(100) = \frac{R_{100}}{R_0} \tag{3-9}$$

式中，R_{100} 是铂热电阻在 100℃时的电阻值；R_0 是铂热电阻在 0℃时的电阻值。

电阻比 $W(100)$ 越大，其纯度越高。按 IEC 标准，工业使用的铂热电阻的 $W(100) \geq 1.3850$。目前的技术水平可达到 $W(100) = 1.3930$，其对应铂的纯度为 99.9995%。电阻比还和材料的内应力有关，一般内应力越大，$W(100)$ 越小，因此在制造和使用电阻温度计时，

一定要注意消除和避免内应力的产生。

（2）铜热电阻

由于铂是贵重金属，因此在一些测量精度要求不高且温度较低的场合，可采用铜热电阻进行测温，它的测量范围为-50~150℃。

铜热电阻在其测量范围内的电阻值与温度的关系几乎是线性的，可近似表示为

$$R_t = R_0(1+\alpha t) \tag{3-10}$$

式中，α 为铜热电阻的电阻温度系数，一般取 $\alpha = 4.28 \times 10^{-3}/℃$。

铜热电阻有两种分度号，分别为 Cu50（$R_0 = 50\Omega$）和 Cu100（$R_{100} = 100\Omega$）。铜热电阻线性好，价格便宜，但测量范围窄、易氧化，不适宜在腐蚀性介质或高温下工作。

2. 热电阻的结构

工业用热电阻的结构和组成如图 3-11 所示。它主要由保护管、接线端子和接线盒等部分组成。电阻丝采用双线无感绕法绕制在具有一定形状的云母、石英或陶瓷塑料支架上，支架起支撑和绝缘作用，引出线与接线盒柱相接，以便与外接线路相连而测量及显示温度。

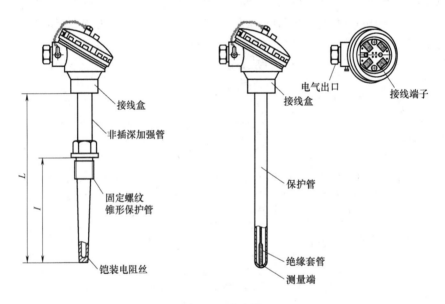

图 3-11　热电阻

用热电阻温度传感器进行测温时，测量电路经常采用电桥电路，热电阻 R_t 与电桥电路的连线可能很长，因而连线电阻 r 因环境温度变化所引起的电阻变化量较大，对测量结果有较大的影响。热电阻的连线方式有两线制、三线制和四线制三种，如图 3-12 所示。两线制接法中，热电阻和连线电阻在一个桥臂中，所以连线电阻对测量影响大，用于测温精度不高的场合；三线制接法中，热电阻和连线电阻分布在相邻的两个桥臂中，可以减小连线电阻变化量对测量结果的影响，测温误差小，工业热电阻通常采用三线制接法；四线制接法主要用于高精度温度检测，它在热电阻的两端各引两根连接导线，其中两根连线为热电阻提供恒定电流 I，另两根连线引至电位差计，利用电位差计测量热电阻的阻值，四线制接法可以完全消除连线电阻变化量对测量的影响。

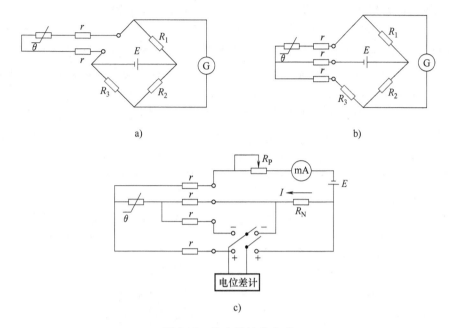

图 3-12 热电阻连线方式

a) 热电阻两线制接法 b) 热电阻三线制接法 c) 热电阻四线制接法

3.4.2 温度传感器 18B20

在传统的模拟信号远距离温度测量系统中，需要很好地解决引线误差补偿、多点测量切换误差和放大电路零点漂移误差等技术问题，才能够达到较高的测量精度。另外，一般监控现场的电磁环境都非常恶劣，各种干扰信号较强，模拟温度信号容易受到干扰而产生测量误差，影响测量精度。因此，在温度测量系统中，采用抗干扰能力强的新型数字温度传感器是解决这些问题的最有效方案，新型数字温度传感器 18B20 具有体积更小、精度更高、适用电压更宽、采用一线总线、可组网等优点，在实际应用中取得了良好的测温效果。

18B20 是一款温度测量芯片，采用单总线接口，根据需要，通过配置寄存器可以变换为高速低精度或低速高精度。其内置 4 字节非易失存储单元，2 字节用于高低温报警，额外的 2 字节用于保存用户自定义信息。目前应用的 18B20 主要有北京七芯中创科技有限公司生产的 QT18B20 和 DAL-LAS 公司生产的 DS18B20 两种，其各引脚描述图如图 3-13 所示。

由于 18B20 的温度检测与数字数据输出集成在一个芯片上，因此抗干扰能力更强。它的一个工作周期可分为两个部分，即温度检测和数据处理。18B20 共有三种形态的存储器资源，它们分别是：

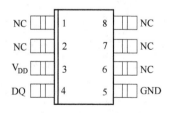

图 3-13 18B20 引脚描述图

1) 只读存储器（ROM），用于存放 DS18B20 的 ID 编码。其前 8 位是单线系列编码（DS18B20 的编码是 19H），后面 48 位是芯片唯一的序列号，最后 8 位是以上 56 位的 CRC

码（冗余校验）。数据在出厂时设置，不能由用户更改。DS18B20 共 64 位 ROM。

2）随机存储器（RAM）用于内部计算和数据存取，数据在掉电后丢失。DS18B20 共 9 个字节 RAM，每个字节为 8 位。第 1、2 个字节是温度转换后的数据值信息；第 3、4 个字节是用户 EEPROM（常用于温度报警值储存）的镜像，在上电复位时其值将被刷新；第 5 个字节是用户第 3 个 EEPROM 的镜像；第 6、7、8 个字节为计数寄存器，是为了让用户得到更高的温度分辨率而设计的，同样也是内部温度转换、计算的暂存单元；第 9 个字节为前 8 个字节的 CRC 码。

3）带电可擦可编程只读存储器（EEPROM），用于存放长期需要保存的数据、上下限温度报警值和校验数据。DS18B20 共 3 位 EEPROM，并在 RAM 都存有镜像，以方便用户操作。

18B20 有两种工作模式，如图 3-14 和图 3-15 所示，其中 μP 是指微处理器，U_{PU} 是指电源单元。

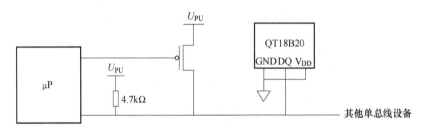

图 3-14　18B20 应用电路（通过寄生电源供电模式）

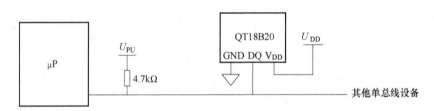

图 3-15　18B20 应用电路（单总线供电模式）

18B20 支持"单总线"接口，其接线方式如图 3-16 所示，测量温度范围为 -55~125℃，在 -10~85℃ 范围内，精度为 ±0.5℃，重复测量精度为 ±0.1℃，年最大漂移量 ≤ ±0.1℃，温度响应时间为 2~3s。现场温度直接以"单总线"的数字方式传输，大大提高了系统的抗干扰性。其适合于恶劣环境的现场温度测量，如环境控制、设备或过程控制、测温类消费电子产品等。与前一代产品不同，新的产品支持 3~5.5V 的电压范围，使系统设计更灵活、方便。而且新一代产品更便宜，体积更小。

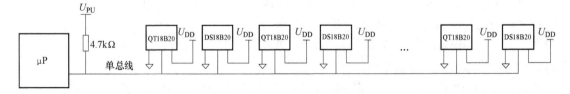

图 3-16　18B20 单总线接线方式

3.5 湿度传感器

3.5.1 湿度传感器的工作原理

湿度是指大气中的水蒸气含量，通常采用绝对湿度和相对湿度两种表示方法。绝对湿度是指在一定温度和压力条件下，每单位体积的混合气体中所含水蒸气的质量，单位为 g/m^3，一般用符号 AH 表示。相对湿度是指气体的绝对湿度与同一温度下达到饱和状态的绝对湿度之比，一般用符号%RH 表示。相对湿度给出大气的潮湿程度，它是一个无量纲的量，在实际使用中多使用相对湿度这一概念。

湿度传感器是能够感受外界湿度变化，并通过器件材料的物理或化学性质变化，将湿度转化成有用信号的器件。湿度检测较之其他物理量的检测显得困难，首先，因为空气中水蒸气的含量要比空气少得多；其次，液态水会使一些高分子材料和电解质材料溶解，一部分水分子电离后与溶入水中的空气中的杂质结合成酸或碱，使湿敏材料不同程度地受到腐蚀而老化，从而丧失其原有的性质；再次，湿度信息的传递必须靠水和湿敏器件直接接触来完成，因此湿敏器件只能直接暴露于待测环境中，不能密封。通常，对湿敏器件有下列要求：在各种气体环境下稳定性好、响应时间短、寿命长、有互换性、耐污染和受温度影响小等。微型化、集成化及廉价是湿敏器件的发展方向。

3.5.2 湿度传感器 HS1101

常用的湿度传感器有法国 HUMIREL 公司生产的 HS1101。湿度传感器 HS1101 专用于恶劣环境下的湿度检测；可直接输出数字信号。该湿度传感器具有防尘加防熏蒸双防护设计：工作时，有专用防尘帽保护，避免仓内粉尘、害虫进入，提高湿度传感器的工作可靠性；熏蒸时，有专用防熏蒸帽保护，避免熏蒸时磷化氢气体的腐蚀，延长湿度传感器的使用年限。HS1101 湿度传感器的主要技术指标如下：

测量范围：0%～100%RH。

精度：≤±2%RH。

重复误差：≤±0.5%RH。

年最大漂移量：≤±0.2%RH。

响应时间：5s。

3.6 气体传感器

气体检测主要是对 CO_2 浓度、O_2 浓度（N_2 浓度）和 PH_3 浓度的检测。检测气体的方式主要有两种，一种是利用半导体气体传感器，另一种是利用红外吸收式气体传感器。

3.6.1 半导体气体传感器

气体传感器是用来检测气体类别、浓度和成分的传感器。由于气体种类繁多，性质各不相同，不可能用一种传感器检测所有类别的气体，因此，能实现气-电转换的传感器种类很多，按构成气体传感器材料的不同可分为半导体和非半导体两大类。目前实际使用最多的是半导体气体传感器。

半导体气体传感器是利用待测气体与半导体表面接触时，产生的电导率等物理性质变化来检测气体的。根据半导体与气体相互作用时产生的变化只限于半导体表面或深入到半导体内部，半导体气体传感器可分为表面控制型和体控制型。前者半导体表面吸附的气体与半导体间发生电子接收，使半导体的电导率等物理性质发生变化，但内部化学组成不变；后者半导体与气体的反应使半导体内部组成发生变化，从而使电导率发生变化。按照半导体变化的物理特性不同，又可分为电阻型和非电阻型，电阻型半导体气敏器件是利用敏感材料接触气体时，其阻值变化来检测气体的成分或浓度；非电阻型半导体气敏器件是利用其他参数，如二极管的伏安特性和场效应晶体管的阈值电压变化来检测被测气体的。表3-1为半导体气敏器件的分类。

表 3-1　半导体气敏器件的分类

分类	主要物理特性	类型	检测气体	气敏器件
电阻型	电阻	表面控制型	可燃气体	SnO_2、ZnO 等的烧结体、薄膜、厚膜
		体控制型	乙醇气体 可燃性气体 氧气	氧化镁、SnO_2 氧化钛、$T-Fe_2O_3$
非电阻型	二极管整流特性	表面控制型	氢气 一氧化碳 乙醇气体	铂-硫化镉 铂-氧化钛 （金属-半导体结型二极管）
	晶体管特性		氢气、硫化氢	铂栅、钯栅 MOS 场效应晶体管

气体传感器是暴露在各种成分的气体中使用的，由于检测现场温度、湿度的变化很大，又存在大量粉尘和油雾等，所以其工作条件较恶劣，而且气体对气敏器件的材料会产生化学反应物，附着在器件表面，往往会使其性能变差。因此，对气敏器件有下列要求：能长期稳定工作，重复性好，响应速度快，共存物质产生的影响小等。由半导体气敏器件组成的气体传感器主要用于工业上的天然气、煤气，石油化工等部门的易燃、易爆、有毒等有害气体的监测、预报和自动控制。

1. 半导体气体传感器的机理

半导体气体传感器是利用气体在半导体表面的氧化和还原反应导致敏感器件阻值变化而制成的。当半导体器件被加热到稳定状态，在气体接触半导体表面而被吸附时，被吸附的分子首先在表面物性自由扩散，失去运动能量，一部分分子被蒸发掉，另一部分残留分子产生热分解而固定在吸附处（化学吸附）。当半导体的功函数小于吸附分子的亲和力（气体的吸附和渗透特性）时，吸附分子将从器件夺得电子而变成负离子吸附，半导体表面呈现电荷层。如氧气等具有负离子吸附倾向的气体被称为氧化型气体或电子接收性气体。如果半导体的功函数大于吸附分子的离解能，吸附分子将向器件释放出电子，从而形成正离子吸附。具有正离子吸附倾向的气体有 H_2、CO、碳氢化合物和醇类，它们被称为还原型气体或电子供给性气体。

当氧化型气体吸附到 N 型半导体上，还原型气体吸附到 P 型半导体上时，将使半导体载流子减少，从而使电阻值增大。当还原型气体吸附到 N 型半导体上，氧化型气体吸附到 P

型半导体上时，载流子增多，从而使半导体电阻值下降。图 3-17 表示了气体接触 N 型半导体时所产生的器件阻值变化情况。由于空气中的含氧量大体上是恒定的，因此氧的吸附量也是恒定的，器件阻值也相对固定。若气体浓度发生变化，其阻值也将发生变化。根据这一特性，可以从阻值的变化得知吸附气体的种类和浓度。半导体气敏时间（响应时间）一般不超过 1min。N 型材料有 SnO_2、ZnO、TiO 等，P 型材料有 MoO_2、CrO_3 等。

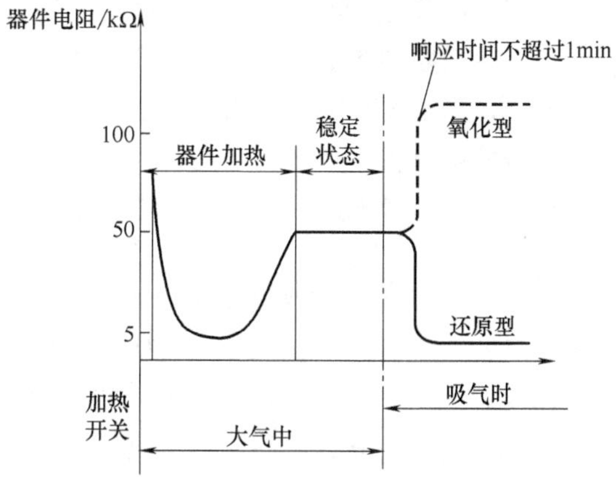

图 3-17 N 型半导体吸附气体时器件阻值变化图

2. 电阻型半导体气体传感器

图 3-18a 为烧结型气敏器件。这类器件以 SnO_2 半导体材料为基体，将铂电极和加热丝埋入 SnO_2 材料中，用加热、加压、温度为 $700 \sim 900℃$ 的制陶工艺烧结成形。因此，其被称为半导体陶瓷，简称半导瓷。半导瓷内的晶粒直径为 $1\mu m$ 左右，晶粒的大小对电阻有一定影响，但对气体检测灵敏度无很大的影响。烧结型器件制作方法简单，器件寿命长；但由于烧结不充分，器件机械强度不高，电极材料较贵重，电性能一致性较差，因此其应用受到一定限制。

图 3-18b 为薄膜型器件。它采用蒸发或溅射工艺，在石英基片上形成氧化物半导体薄膜（其厚度约在 100nm 以下），制作方法也很简单。实验证明，SnO_2 半导体薄膜的气敏特性最好，但这种半导体薄膜为物理性附着，因此器件间性能差异较大。

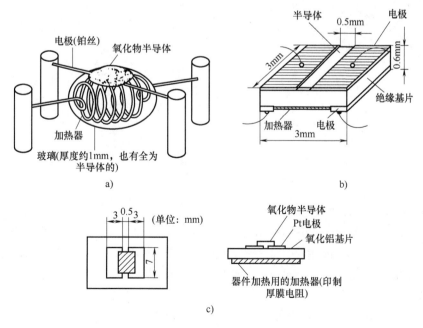

图 3-18 半导体气体传感器的器件结构

a）烧结型气敏器件 b）薄膜型器件 c）厚膜型器件

图 3-18c 为厚膜型器件。这种器件是将氧化物半导体材料与硅凝胶混合制成能印制的厚膜胶，再把厚膜胶印制到装有电极的绝缘基片上，经烧结制成的。由于这种工艺制成的器件机械强度高，离散度小，适合大批量生产。

上述器件全部附有加热器，它的作用是将附着在敏感器件表面的尘埃、油雾等烧掉，加速气体的吸附，从而提高器件的灵敏度和响应速度。加热器的温度一般控制在 200～400℃之间。

3. 非电阻型半导体气体传感器

非电阻型气敏器件也是半导体气体传感器之一。它是利用 MOS 二极管的电容-电压特性的变化以及 MOS 场效应晶体管（MOSFET）的阈值电压的变化等而制成的气敏器件。由于此类器件的制造工艺成熟，便于器件集成化，因而其性能稳定且价格便宜。利用特定材料还可以使器件对某些气体特别敏感。

（1）MOS 二极管气敏器件

MOS 二极管气敏器件的制作过程是在 P 型半导体硅片上，利用热氧化工艺生成一层厚度为 50～100nm 的二氧化硅（SiO_2）层，然后在其上面蒸发一层钯（Pd）的金属薄膜，作为栅极，如图 3-19a 所示。由于 SiO_2 层电容 C_a 固定不变，而 Si 和 SiO_2 界面电容 C_s 是外加电压的函数（其等效电路见图 3-19b），因此由等效电路可知，总电容 C 也是栅偏压的函数。其函数关系称为该类 MOS 二极管的 C-U 特性，如图 3-19c 曲线 a 所示。由于钯对氢气（H_2）特别敏感，当钯吸附了 H_2 以后，会使钯的功函数降低，导致 MOS 管的 C-U 特性向负偏压方向平移，如图 3-19c 曲线 b 所示。根据这一特性，MOS 二极管气敏器件可用于测定 H_2 的浓度。

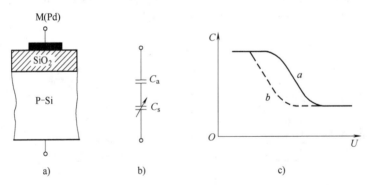

图 3-19　MOS 二极管结构和等效电路

a）结构　b）等效电路　c）C-U 特性

（2）MOS 场效应晶体管气敏器件

钯-MOS 场效应晶体管（Pd-MOSFET）的结构如图 3-20 所示。由于 Pd 对 H_2 具有很强的吸附性，当 H_2 吸附在 Pd 栅极上时，会引起 Pd 的功函数降低。由 MOSFET 工作原理可知，当栅极（G）、源极（S）之间加正向偏压 U_{GS}，且 $U_{GS}>U_T$（阈值电压）时，则栅极氧化层下面的硅从 P 型变为 N 型。这个 N 型区将源极和漏极连接起来，形成导电通道，即为 N 型沟道，此时，MOSFET 进入工作状态。若此时，在源极（S）、漏极（D）极之间加电压 U_{DS}，则源极和漏极之间有电流（I_{DS}）流通。I_{DS} 随 U_{DS} 和 U_{GS} 的大小而变化，其变化规律即为 MOSFET 的伏-安特性。当 $U_{GS}<U_T$ 时，MOSFET 的沟道未形成，故无漏源电流。U_T 的

大小除了与衬底材料的性质有关外，还与金属和半导体之间的功函数有关。Pd-MOSFET 气敏器件就是利用 H_2 在 Pd 栅极上吸附后引起阈值电压（U_T）下降这一特性来检测 H_2 浓度的。

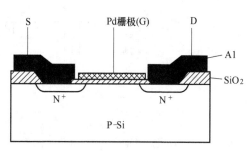

图 3-20　钯-MOS 场效应晶体管的结构

3.6.2　红外吸收式气体传感器

1. 红外辐射

红外辐射是一种不可见光，由于是位于可见光中红色光以外的光线，故称红外线。它的波长范围大致在 $0.76 \sim 1000\mu m$。红外线在电磁波谱中的位置如图 3-21 所示。工程上又把红外线所占据的波段分为四部分，即近红外、中红外、远红外和极远红外。

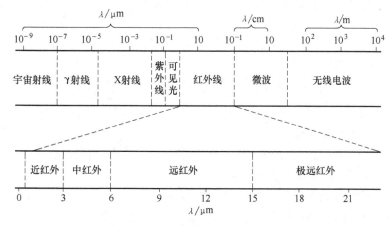

图 3-21　电磁波谱与红外线波段划分

红外辐射的物理本质是热辐射，一个炽热物体向外辐射的能量大部分是通过红外线辐射出来的。物体的温度越高，辐射出来的红外线越多，辐射的能量就越强。红外线的本质与可见光或电磁波性质一样，具有反射、折射、散射、干涉、吸收等特性，它在真空中以光速传播，并具有明显的波粒二相性。

红外辐射和所有电磁波一样，是以波的形式在空间直线传播的。大气是红外辐射的主要传播介质，当红外线在大气中传播时，大气层对不同波长的红外线存在不同的吸收带，红外线气体分析器就是利用该特性工作的。空气中对称的双原子气体，如 N_2、O_2、H_2 等不吸收红外线。而红外线在通过大气层时，有三个波段的透过率高，分别是 $2 \sim 2.6\mu m$、$3 \sim 5\mu m$ 和 $8 \sim 14\mu m$，统称为"大气窗口"。这三个波段对红外探测技术特别重要，因此红外探测器一般都工作在这三个波段（大气窗口）之内。

2. 红外线气体分析仪

红外线气体分析仪是根据气体对红外线具有选择性吸收的特性来对气体成分进行分析的。不同气体的吸收波段（吸收带）不同，图 3-22 给出了几种气体对红外线的透射光谱，从图中可以看出，CO 气体对波长为 $4.65\mu m$ 附近的红外线具有很强的吸收能力，CO_2 气体则对波长为 $2.78\mu m$ 和 $4.26\mu m$ 附近以及波长大于 $13\mu m$ 的红外线有较强的吸收能力。若分析 CO 气体，则可以利用 $4.26\mu m$ 附近的吸收波段进行分析。

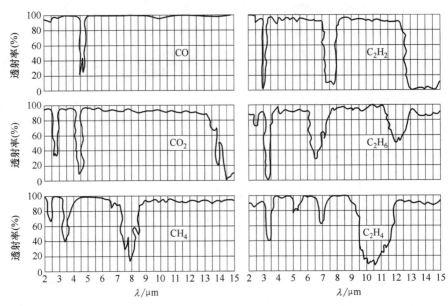

图 3-22　几种气体对红外线的透射光谱

图 3-23 是工业用红外线气体分析仪的结构原理图。该分析仪由红外线辐射光源、气室、红外探测器及电路等部分组成。

光源由镍铬丝通电加热发出 $3 \sim 10\mu m$ 的红外线，切光片将连续的红外线调制成脉冲状的红外线，以便于红外线检测器信号的检测。测量气室中充入被分析气体，参比气室中充入不吸收红外线的气体（如 N_2 等）。红外探测器是薄膜电容型，它有两个吸收气室，充以被测气体，当它吸收了红外辐射能量后，气体温度升高，会导致室内压力增大。测量时（如分析 CO 气体的含量），两束红外线经反射、切光后射入测量气室和参比气室，由于测量气室中含有一定量的 CO 气体，该气体对 $4.65\mu m$ 的红外线有较强的吸收能力，而参比气室中的气体不吸收红外线，这样射入红外探测器的两个吸收气室的红外线将造成能量差异，使两吸收气室压力不同，测量边的压力小，于是薄膜偏向定片方向，改变了薄膜电容两电极间的距离，也就改变了电容 C。如被测气体的浓度越大，两束光强的差值也越大，则电容的变化量也越大，因此电容变化量反映了被分析气体中被测气体的浓度。

图 3-23 所示结构中还设置了滤波气室，其目的是为了消除干扰气体对测量结果的影响。所谓干扰气体，是指与被测气体吸收红外线波段有部分重叠的气体，如 CO 和 CO_2 气体在 $4 \sim 5\mu m$ 波段内的红外吸收光谱有部分重叠，则 CO_2 的存在会对分析 CO 气体带来影响，这种影响称为干扰。为此在测量边和参比边各设置了一个封有干扰气体的滤波气室，它能将与 CO_2 气体对应的红外线吸收波段的能量全部吸收，因此左右两边吸收气室的红外能量之差只与

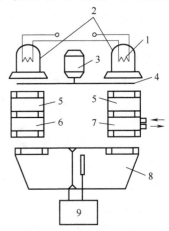

图 3-23　红外线气体
分析仪的结构原理图

1—光源　2—抛物面反射镜　3—同
步电动机　4—切光片　5—滤波气室
6—参比气室　7—测量气室
8—红外探测器　9—放大器

被测气体（如 CO）的浓度有关。

红外吸收式气体传感器通过非色散性红外技术来检测气体，依赖于目标气体特有的明确的吸收光谱。使用一个合适的红外光源，根据不同的气体在不同浓度下对红外光谱不同的吸收峰位和不同吸收率来检测目标气体的存在和浓度。

红外吸收式气体传感器由一个光源、一个采样气室和一对热电探测器组成。向四周扩散的气体通过传感器底端的颗粒物过滤膜进入传感器的光学气室，即采样气室。通过测量进入气室的光线能量的变化，由内部的两个热电探测器输出信号。一个热电探测器为活跃通道探测器，另一个为参考通道探测器。它们产生的信号依赖于气体吸收红外光谱后入射辐射的变化。整个红外吸收式气体传感器的结构和气体检测示意图如图 3-24 和图 3-25 所示。

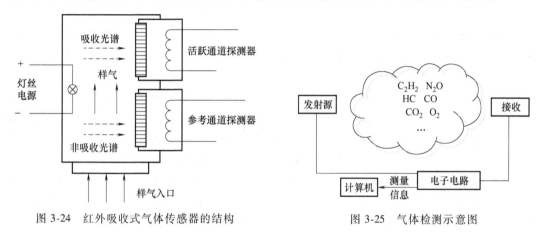

图 3-24　红外吸收式气体传感器的结构　　　　图 3-25　气体检测示意图

3.7　压力传感器

压力传感器（Pressure Transducer）是指能感受压力并转换成可用输出信号的传感器。

3.7.1　压电压力传感器

压电压力传感器主要基于压电效应（Piezoelectric effect），是利用电气元件和其他机械装置把待测的压力转换成为电量，再由测量精密仪器来完成有关的测量工作。压电压力传感器不可以应用在静态的测量当中，原因是受到外力作用后的电荷，只有当回路有无限大的输入抗阻时才可以保存下来，但是实际上并不是这样的。因此压电压力传感器只可以应用在动态的测量当中。它的主要压电材料有磷酸二氢胺、酒石酸钾钠和石英。压电效应就是在石英上发现的。

当应力发生变化时，电场的变化很小，由于石英的压电系数较小，其他的一些压电晶体就会代替石英。如酒石酸钾钠，它具有很大的压电系数和压电灵敏度，但是只可以使用在室内湿度和温度都比较低的地方；磷酸二氢胺是一种人造晶体，它可以在很高的湿度和温度环境中使用，所以，它的应用非常广泛。随着技术的发展，压电效应已经在多晶体上得到了应用，如压电陶瓷、铌镁酸压电陶瓷、铌酸盐系压电陶瓷和钛酸钡压电陶瓷等。

如图 3-26 所示为以压电效应为工作原理的压电压力传感器，是机电转换式和自发式传感器。它的敏感元件是用压电材料制作而成的，而当压电材料受到外力作用时，其表面会形成电荷，电荷会通过电荷放大器、测量电路的放大以及变换阻抗以后，转换成为与所受到的外力成正比关系的电量输出。压电压力传感器可以用来测量力以及可以转换成为力的非电物理量，如加速度和压力。它有很多优点；重量较轻、工作可靠、结构简单、信噪比较高、灵敏度较高以及频带宽等；也存在着某些缺点：有些压电材料忌潮湿，需要采取一系列的防潮措施，有些压电材料的输出电流响应较差，需要使用电荷放大器或者高输入阻抗电路来弥补这个缺点。

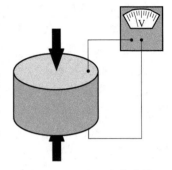

图 3-26　压电压力传感器

3.7.2　压阻压力传感器

压阻压力传感器主要基于压阻效应（Piezoresistive effect）。压阻效应是用来描述材料在受到机械式应力下所产生的电阻变化。不同于上述压电效应，压阻效应只产生阻抗变化，并不会产生电荷。

大多数金属材料与半导体材料都具有压阻效应。其中半导体材料中的压阻效应远大于金属材料。由于硅是现今集成电路的主要材料，以硅制作而成的压阻性元件的应用就变得非常有意义。硅的电阻变化不单是来自与应力有关的几何形变，而且也来自材料本身与应力相关的电阻，这使得其程度因子大于金属材料数百倍之多。N 型硅的电阻变化主要是由于其三个导带谷对位移所造成不同迁移率的导带谷间的载子重新分布，进而使得电子在不同流动方向上的迁移率发生改变；其次是来自于导带谷形状的改变相关的等效质量（Effective Mass）的变化。在 P 型硅中，此现象变得更复杂，而且也会导致等效质量改变及电洞转换。

如图 3-27 所示，压阻压力传感器一般通过引线接入惠斯通电桥（又称单臂电桥）中。平时敏感芯体没有外加压力作用，电桥处于平衡状态（称为零位），当传感器受压后芯片电阻发生变化，电桥将失去平衡。若给电桥加一个恒定电流或电压电源，电桥将输出与压力对应的电压信号，这样传感器的电阻变化通过电桥转换成压力信号输出。电桥检测出电阻值的变化，经过放大后，再经过电压电流的转换，变换成相应的电流信号，该电流信号通过非线性校正环路的补偿，即产生了与输入电压成线性对应关系的 4~20mA 的标准输出信号。

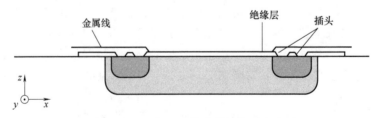

图 3-27　压阻压力传感器的接入电路

为减小温度变化对芯体电阻值的影响，提高测量精度，压阻压力传感器采用温度补偿措施使其零点漂移、灵敏度、线性度、稳定性等技术指标保持较高水平。

3.7.3　电容式压力传感器

电容式压力传感器是一种利用电容器作为敏感元件，将被测压力转换成电容量改变的压力传感器。这种压力传感器一般采用圆形金属薄膜或镀金属薄膜作为电容器的一个电极，当薄膜感受压力而变形时，薄膜与固定电极之间的电容量发生变化，通过测量电路即可输出与电压成一定关系的电信号。电容式压力传感器属于极距变化型电容式传感器，可分为单电容式压力传感器和差动电容式压力传感器。

单电容式压力传感器由圆形薄膜与固定电极构成。薄膜在压力的作用下变形，从而改变电容器的电容量，其灵敏度大致与薄膜的面积和压力成正比，而与薄膜的张力和薄膜到固定电极的距离成反比。另一种型式的固定电极取凹形球面状，膜片为周边固定的张紧平面，膜片可用塑料镀金属层的方法制成，如图 3-28a 所示，适于测量低压，并有较高的过载能力。采用带活塞动极膜片制成的单电容式压力传感器可测量高压。该传感器可减小膜片的直接受压面积，以便采用较薄的膜片提高灵敏度。其与各种补偿和保护以及放大电路整体封装在一起，可提高抗干扰能力。这种传感器适于测量动态高压和对飞行器进行遥测。此外，单电容式压力传感器还有传声器式（即话筒式）和听诊器式等型式。

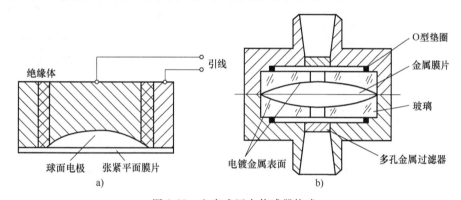

图 3-28　电容式压力传感器构成

差动电容式压力传感器的受压膜片电极位于两个固定电极之间，构成两个电容器，如图 3-28b 所示。在压力的作用下，一个电容器的电量增大，而另一个则相应减小，测量结果由差动式电路输出。它的固定电极是在凹曲的玻璃表面上镀金属层而制成，过载时膜片受到凹面的保护而不致破裂。差动电容式压力传感器比单电容式的灵敏度高、线性度好，但加工较困难（特别是难以保证对称性），而且不能实现对被测气体或液体的隔离，因此不适于工作在有腐蚀性或杂质的流体中。

3.7.4　振弦式压力传感器

振弦式压力传感器属于频率敏感型传感器，对频率的测量具有相当高的准确度，其原因是时间和频率是能准确测量的物理量参数，而且频率信号在传输过程中可以忽略电缆的电阻、电感、电容等因素的影响。同时，振弦式压力传感器还具有较强的抗干扰能力，零点漂移小、温度特性好、结构简单、分辨率高、性能稳定，便于数据传输、处理和存储，容易实现仪表数字化，所以振弦式压力传感器也可以作为传感技术发展的方向之一。

如图 3-29 所示，振弦式压力传感器的振弦一端固定，另一端连结在弹性感压膜片上。弦的中部装有一块软铁，置于磁铁和线圈构成的激励器的磁场中。激励器在停止激励时兼作拾振器，或单设拾振器。工作时，振弦在激励器的激励下振动，其振动频率与膜片所受压力的大小有关。拾振器则通过电磁感应获取振动频率信号。振弦振动的激励方式有间歇式和连续式两种。在间歇激励方式中，采用张弛振荡器给出激励脉冲，并通过一个继电器使线圈通电、磁铁吸住弦上的软铁块。激励脉冲停止后，磁铁被松开，使振弦自由振动。此时在线圈中产生感应电动势，其交变频率即为振弦的固有振动频率。连续激励方式又可分为电流法和电磁法。电流法将振弦作为等效的 LC 回路并联于振荡电路中，使电路以振弦的固有频率振荡。电磁法采用两个装有线圈的磁铁，分别作为激励线圈和拾振线圈。拾振线圈的感应信号被放大后又送至激励线圈去补充振动的能量。为减小传感器非线性对测量精度的影响，

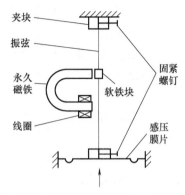

图 3-29　振弦式压力传感器

需要选择适中的最佳工作频段和设置预应力，或采用在感压膜片的两侧各设一根振弦的差动式结构。

振弦式压力传感器可以选择电流输出型和频率输出型。振弦式压力传感器在运作时，振弦以其谐振频率不停振动，当测量的压力发生变化时，频率会产生变化，这种频率信号经过转换器可以转换为 4~20mA 的电流信号。

3.8　激光传感器

激光传感器是利用激光技术进行测量的传感器。它由激光器、激光检测器和测量电路组成。激光传感器是新型测量器件，它的优点是能实现无接触远距离测量，速度快，精度高，量程大，抗光、电干扰能力强等。

3.8.1　固体激光器

固体激光器所采用的固体工作物质，是通过把具有能产生受激发射作用的金属离子掺入晶体而制成的。在固体中能产生受激发射作用的金属离子主要有三类：①过渡金属离子（如 Cr^{3+}）；②大多数镧系金属离子（如 Nd^{3+}、Sm^{2+}、Dy^{2+} 等）；③锕系金属离子（如 U^{3+}）。这些掺杂到固体基质中的金属离子的主要特点是：具有比较宽的有效吸收光谱带，比较高的荧光效率，比较长的荧光寿命和比较窄的荧光谱线，因而易于产生粒子数反转和受激发射。用作晶体类基质的人工晶体主要有刚玉（$NaAlSi_2O_6$）、钇铝石榴石（$Y_3Al_5O_{12}$）、钨酸钙（$CaWO_4$）、氟化钙（CaF_2），以及铝酸钇（$YAlO_3$）、铍酸镧（$La_2Be_2O_5$）等。用作玻璃类基质的玻璃主要是优质硅酸盐光学玻璃，如常用的钡冕玻璃和钙冕玻璃。与晶体基质相比，玻璃基质的主要特点是制备方便和易于获得大尺寸优质材料。对于晶体和玻璃基质的主要要求是：易于掺入起激活作用的发光金属离子；具有良好的光谱特性、光学透射率特性和高度的光学（折射率）均匀性；具有适于长期激光运转的物理和化学特性（如热学特性、抗劣化特性、化学稳定性等）。晶体激光器以红宝石（Al_2O_3：Cr^{3+}）和掺钕钇铝石榴石（简写为 YAG：Nd^{3+}）为典型代表；玻璃激光器以钕玻璃激光器为典型代表，其实物如图 3-30 所示。

3.8.2 气体激光器

气体激光器是利用气体作为工作物质产生激光的器件。它由放电管内的激活气体、一对反射镜构成的谐振腔和激励源三个主要部分组成。其主要激励方式有电激励、气动激励、光激励和化学激励等，其中电激励方式最常用。在适当放电条件下，利用电子碰撞激发和能量转移激发等，气体粒子有选择性地被激发到某高能级上，从而形成与某低能级间的粒子数反转，产生受激发射跃迁。气体激光器实物如图3-31所示。

图 3-30 钕玻璃激光器实物

图 3-31 气体激光器实物

3.8.3 液体激光器

液体激光器也称染料激光器，因为这类激光器的激活物质是某些有机染料溶解在乙醇、甲醇或水等液体中形成的溶液。为了激发它们发射出激光，一般采用高速闪光灯作激光源，或者由其他激光器发出很短的光脉冲。液体激光器实物如图3-32所示。

3.8.4 半导体激光器

半导体激光器是以一定的半导体材料作为工作物质而产生激光的器件。其工作原理是通过一定的激励方式，在半导体物质的能带（导带与价带）之间，或者半导体物质的能带与杂质（受主或施主）能级之间，实现非平衡载流子的粒子数反转，当处于粒子数反转状态的大量电子与空穴复合时，便产生受激发射作用。半导体激光器实物如图3-33所示。

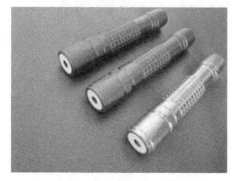

图 3-32 液体激光器实物

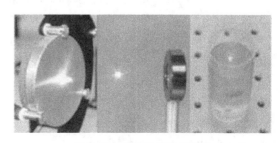

图 3-33 半导体激光器实物

3.9 光电式传感器

光电式传感器是将光通量转换为电量的一种传感器，光电式传感器的基础是光电转换元件的光电效应。由于光电测量方法灵活多样，可测参数众多，具有非接触、高精度、高可靠性和反应快等特点，使得光电式传感器在检测和控制领域获得了广泛的应用。本节主要介绍光敏电阻传感器和红外光传感器。

3.9.1 光敏电阻传感器

1. 光敏电阻传感器的用途

光敏电阻传感器是对外界光信号或光辐射有响应或转换功能的敏感装置，常用于光线亮度检测，光线亮度传感器，智能小车寻光模块。

2. 光敏电阻传感器的分类

光敏电阻传感器是最常见的传感器之一，它的种类繁多，主要有光电管、光电倍增管、光敏电阻、光敏晶体管、太阳能电池、光纤传感器、色彩传感器、电荷耦合器件（Charge Coupled Device，CCD）、图像传感器和互补金属氧化物半导体（Complementary Metal Oxid Semiconductor，CMOS）图像传感器等。光敏电阻传感器是产量最多、应用最广的传感器之一，它在自动控制和非电量电测技术中占有非常重要的地位。最简单的光敏电阻传感器采用的是光敏电阻，当光子冲击接合处就会产生电流。

3. 光敏电阻传感器的工作原理

光敏电阻传感器是利用光敏元件将光信号转换为电信号的传感器，它的敏感波长在可见光波长附近，包括红外线波长和紫外线波长。光敏电阻传感器不只局限于对光的探测，它还可以作为探测元件组成其他传感器，对许多非电量进行检测，只要将这些非电量转换为光信号的变化即可。

4. 常见的光敏电阻传感器四线制的模块

常见的光敏电阻传感器四线制的模块封装如图 3-34 所示。

模块特色：

1）采用灵敏型光敏电阻传感器。

2）比较器输出信号干净、波形好、驱动能力强。

3）利用可调电位器可以调节检测光线亮度。

4）工作电压：DC 3.3~5V。

5）输出形式：DO 开关量输出（0 和 1）和 AO 模拟量输出（电压）。

6）使用宽电压 LM393 比较器。

模块使用说明：

1）光敏电阻模块对环境光线最敏感，一般用来检测周围环境的光线亮度，触发单片机或继电器模块等。

图 3-34　光敏电阻传感器
四线制的模块封装图

2）模块在环境光线亮度达不到设定阈值时，DO 端输出高电平，当外界环境光线亮度超过设定阈值时，DO 端输出低电平。

3）DO 输出端可以与单片机直接相连，通过单片机来检测高低电平，由此来检测环境的光线亮度变化。

4）DO 输出端可以直接驱动继电器模块，由此可以组成一个光控开关。

5）模拟量输出 AO 可以和 A/D 转换器相连，通过 A/D 转换器可以获得环境光线亮度更精准的数值。

3.9.2 红外光传感器

1. 基本介绍

红外光传感器是利用红外线的物理性质来进行测量的传感器。红外线又称红外光，它具有反射、折射、散射、干涉、吸收等性质。任何物质，只要它本身具有一定的温度（高于绝对零度），都能辐射红外线。红外光传感器测量时不与被测物体直接接触，因而不存在摩擦，并且有灵敏度高、反应快等优点。

红外光传感器包括光学系统、检测元件和转换电路。光学系统按结构不同可分为透射式和反射式两类。检测元件按工作原理可分为热敏检测元件和光电检测元件。热敏检测元件应用最多的是热敏电阻。热敏电阻受到红外线辐射时温度升高，电阻发生变化（这种变化可能是变大也可能是变小，因为热敏电阻可分为正温度系数热敏电阻和负温度系数热敏电阻），通过转换电路变成电信号输出。光电检测元件常用的是光敏元件，通常由硫化铅、硒化铅、砷化铟、砷化锑、碲镉汞三元合金、锗及硅等材料制成。

红外光传感器常用于无接触温度测量、气体成分分析和无损探伤，在医学、军事、空间技术和环境工程等领域得到广泛应用。例如，采用红外光传感器远距离测量人体表面温度的热像图，可以发现温度异常的部位，及时对疾病进行诊断治疗（见热像仪）；利用人造卫星上的红外光传感器对地球云层进行监视，可实现大范围的天气预报；采用红外光传感器可检测飞机上正在运行的发动机过热情况等。

2. 红外光传感器的类型

红外光传感器按探测机理不同可分为两种类型：

1）热型，即将红外线的一部分变换为热，转换为电阻值变化及电动势等信号输出。

2）量子型，即利用了半导体迁徙现象吸收能量差的光电效果以及 PN 结的光电动势效应。

热型的现象又称为焦热效应，其中最具代表性的是测辐射热器（Thermal Bolometer）、热电堆（Thermopile）及热电（Pyroelectric）元件。

热型的优点：可常温下操作，没有波长依存性（波长不同感光度有很大的变化），造价便宜；其缺点：感光度低、响应慢。

量子型的优点：感光度高、响应快速；其缺点：必须冷却（液体氮气）、有波长依存性、价格偏高。

红外光传感器，特别是利用远红外线范围的感度做人体检验使用时，红外线的波长比可见光长而比电波短。红外线的特性让人觉得只能由热的物体放射出来，可是事实并非如此，凡是存在于自然界的物体，如人体、火、冰等全部都会放射出红外线，只是其波长因自身的温度而有差异。人体的体温约为 $36 \sim 37℃$，可放射出峰值为 $9 \sim 10\mu m$ 的远红外线，而加热至 $400 \sim 700℃$ 的物体，可放射出峰值为 $3 \sim 5\mu m$ 的中间红外线。

3. 应用

（1）红外测距传感器

红外测距传感器是利用红外信号遇到障碍物距离的不同而反射的强度也不同的原理，进行障碍物远近检测的。红外测距传感器具有一对红外信号发射与接收二极管，发射管发射特定频率的红外信号，接收管接收这种频率的红外信号。当检测方向遇到障碍物时，反射回来的红外信号被接收管接收，经过处理之后，通过数字传感器接口返回到中央处理器主机，中央处理器即可利用红外的返回信号来识别周围环境的变化。

（2）红外测温仪

红外测温仪主要由光学系统、调制器、红外光传感器、放大器、指示器等部分构成。红外光传感器是接收目标辐射并转换成电信号的器件。

（3）红外成像

在许多场合，人们不仅要知道物体表面的平均温度，更要了解物体的温度分布以便分析、研究物体的结构，探测内部缺陷。红外成像可将物体的温度分布以图像的形式直观地显示出来。

4. 应用中需注意的问题

红外光传感器在使用中应注意以下几点：

1）必须注意了解红外光传感器的性能指标和应用范围，掌握它的使用条件。

2）必须关注传感器的工作温度，一般要选择能在室温下工作的红外光传感器，便于维护。

3）适当调整红外光传感器的工作点。一般情况下，传感器有一个最佳工作点。只有工作在最佳工作点时，红外光传感器的信噪比最大。

4）选用适当的前置放大器与红外光传感器配合，以获取最佳探测效果。

5）调制频率与红外光传感器的频率响应要匹配。

6）传感器的光学部分不能用手摸、擦，防止损伤传感器。

7）传感器存放时注意防潮、防振、防腐。

5. 常见的红外光传感器模块

红外光传感器模块常用于智能循迹小车的避障，常见封装如图 3-35 所示。传感器模块对环境光线适应能力强，其具有一对红外线发射与接收二极管，发射管发射出一定频率的红外线，当检测方向遇到障碍物（反射面）时，红外线反射回来被接收管接收，经过比较器电路处理之后，绿色指示灯会亮起，同时信号输出接口输出数字信号（一个低电平信号）。可通过电位器旋钮调节检测距离，有效的应用距离范围是 $2 \sim 30cm$，工作电压为 DC $3.3 \sim 5V$。该传感器具有探测距离可以调节、干扰小、便于装配、使用方便等特点，可以广泛应用于机器人避障、避障小车、流水线计数及黑白线循

图 3-35　红外光传感器封装图

迹等众多场合。具体的调试需要根据场地的不同略有调整。

模块参数说明：

1）当模块检测到前方障碍物信号时，电路板上绿色指示灯点亮，同时 OUT 端口持续输出低电平信号。该模块检测距离 2～30cm，检测角度约为 35°，检测距离可以通过电位器进行调节，顺时针调电位器，检测距离增加；逆时针调电位器，检测距离减少。

2）传感器进行红外线反射探测，目标的反射率和形状是探测距离的关键。其中黑色探测距离最小，白色最大；小面积物体距离小，大面积距离大。

3）传感器模块输出端口 OUT 可直接与单片机输入/输出（I/O）口连接，也可以直接驱动一个 5V 继电器；连接方式有 V_{CC}-V_{CC}、GND-GND、OUT-I/O。

4）比较器采用 LM393，工作稳定。

5）可采用 3～5V 直流电源对模块进行供电。当电源接通时，红色电源指示灯点亮。

3.10 热释电光式传感器

1. 热释电光式传感器的概念

热释电光式传感器又称人体红外光传感器，被广泛应用于防盗报警、来客告知及非接触开关等红外领域。

压电陶瓷类电介质在电极化后能保持极化状态，称为自发极化。自发极化随温度升高而减小，在居里点温度降为零。因此，当这种材料受到红外辐射而温度升高时，表面电荷将减少，相当于释放了一部分电荷，故称为热释电。将释放的电荷经放大器可转换为电压输出，这就是热释电光式传感器的工作原理。

当辐射继续作用于热释电元件，使其表面电荷达到平衡时，便不再释放电荷。因此，热释电光式传感器不能探测恒定的红外辐射。

2. 热释电光式传感器的工作原理

某些晶体，如钽酸锂、硫酸三甘肽等受热时，晶体两端会产生数量相等、符号相反的电荷。1842 年，布鲁斯特将这种由温度变化引起的电极化现象正式命名为 "pyroelectric"，即热释电效应。红外热释电光式传感器就是基于热释电效应工作的热电型红外光传感器，其结构简单坚固，技术性能稳定，被广泛应用于红外检测报警、红外遥控、光谱分析等领域，是目前使用最广的红外光传感器。

热释电光式传感器的滤光片为带通滤光片，它封装在传感器壳体的顶端，使特定波长的红外辐射选择性地通过，到达热释电探测元，在其截止范围外的红外辐射则不能通过。热释电探测元是热释电传感器的核心元件，它是在热释电晶体的两面镀上金属电极后，加电极化制成，相当于一个以热释电晶体为电介质的平板电容器。当它受到非恒定强度的红外光照射时，产生的温度变化导致其表面电极的电荷密度发生改变，从而产生热释电电流。

3. 热释电光式传感器的结构

热释电光式传感器由滤光片、热释电探测元和前置放大器组成，补偿型热释电光式传感器还带有温度补偿元件。为防止外部环境对传感器输出信号的干扰，上述元件被真空封装在一个金属内。

前置放大器由一个高内阻的场效应晶体管源极跟随器构成，通过阻抗变换，将热释电探测元微弱的电流信号转换为有用的电压信号输出。前置放大器必须具备高增益、低噪声、抗干扰能力强的特点，以便从众多的噪声干扰中提取微弱的有用信号。热释电探测元和前置放大器通常集成封装在晶体管内，以避免空气湿度使泄露电流增大。这种结构的前置放大器信噪比高，受温度影响小。

图 3-36 热释电光式传感器模块的常用封装

4. 热释电光式传感器的常用封装

热释电光式传感器的常用封装如图 3-36 所示，热释电光式传感器模块的参数如表 3-2 所示。

表 3-2 热释电光式传感器模块的参数说明

名　称	热释电光式传感器模块
工作电压范围	直流电压 4.5~20V
静态电流	<50μA
电平输出	高 3.3V/低 0V
触发方式	L 不可重复触发/H 重复触发
延时时间	0.5~200s(可调)，可调范围零点几秒至几十分钟
封锁时间	2.5s(默认)，可制作范围零点几秒至几十秒
感应角度	<100°锥角
工作温度	−15~70℃

3.11 超声波传感器

1. 超声波传感器的概念

超声波传感器是将超声波信号转换成其他能量信号（通常是电信号）的传感器。超声波是振动频率高于 20kHz 的机械波。它具有频率高、波长短、绕射现象小，特别是方向性好、能够成为射线而定向传播等特点。超声波对液体、固体的穿透本领很大，尤其是在不透明的固体中。超声波碰到杂质或分界面会产生显著反射而形成反射回波，碰到活动的物体能产生多普勒效应。

2. 超声波传感器的组成部分

1）发送器：通过振子（一般为陶瓷制品，直径约为 15 mm）振动产生超声波并向空中辐射。

2）接收器：振子接收到超声波时，根据超声波发生相应的机械振动，并将其转换为电能量，作为接收器的输出。

3）控制部分：通过用集成电路控制发送器的超声波发送，并判断接收器是否接收到信号（超声波），以及已接收信号的大小。

4）电源部分：超声波传感器通常采用电压为 12(1±10%)V 或 24(1±10%)V 外部直流

电源供电，经内部稳压电路供给传感器工作。

3. 超声波传感器的性能指标

（1）工作频率

工作频率就是压电晶片的共振频率。当加到超声波传感器两端的交流电压的频率和晶片的共振频率相等时，输出的能量最大，灵敏度也最高。

（2）灵敏度

灵敏度主要取决于制造晶片本身。机电耦合系数越大，灵敏度越高；反之，灵敏度低。

4. 超声波传感器的不足

（1）三角误差

当被测物体与传感器成一定角度时，所探测的距离和实际距离有个三角误差。

（2）镜面反射

镜面反射和物理中光的反射是一样的。在特定的角度下，发出的声波被光滑的物体镜面反射出去，因此无法产生回波，也就无法产生距离读数。这时超声波传感器会忽视这个物体的存在。

（3）多次反射

多次反射现象在探测墙角或者类似结构的物体时比较常见。声波经过多次反弹才被传感器接收到，因此实际的探测值并不是真实的距离值。

上述问题可以通过使用多个按照一定角度排列的超声波圈来解决。通过探测多个超声波的返回值，用来筛选出正确的读数。

5. 噪声

虽然多数超声波传感器的工作频率为 $40\sim45\mathrm{kHz}$，远远高于人类能够听到的频率，但是周围环境也会产生类似频率的噪声。例如，电机在转动过程会产生一定的高频噪声，汽车轮子在比较硬的地面上的摩擦所产生的高频噪声，机器本身的抖动，甚至当有多台机器人时，其他机器超声波传感器发出的声波，这些都会引起传感器接收到错误的信号。

噪声问题可以通过对发射的超声波进行编码来解决，如发射一组长短不同的声波，只有当探测头检测到相同组合的声波时，才能进行距离计算。这样可以有效地避免由于环境噪声所引起的误读。

6. 交叉问题

交叉问题是当多个超声波传感器按照一定角度安装在机器上时所引起的。超声波 X 发出的声波，经过镜面反射，被传感器 Z 和 Y 获得，这时 Z 和 Y 会根据这个信号来计算距离值，从而无法获得正确的测量。

解决交叉问题的方法是通过对每个传感器发出的信号进行编码，让每个超声波传感器只听自己的声音。

7. 超声波传感器模块常用封装

超声波传感器模块常见封装如图 3-37 所示，超声波传感器模块的主要技术参数如表 3-3 所示。

图 3-37　超声波传感器模块常见封装

表 3-3　超声波传感器模块的主要技术参数

电气参数	HC-SR04 超声波模块
工作电压	DC 3~5.5V
工作电流	5.3mA
工作温度	-40~85℃
输出方式	通用型输入输出(GPIO)
感应角度	小于 15°
探测距离	2~400cm
探测精度	0.3(1+1%)cm

本 章 小 结

　　本章主要讲述了电子系统综合实践过程中一些常用的传感器,包括温度传感器、湿度传感器、气体传感器、压力传感器、光电式传感器、热释电光式传感器、超声波传感器等的工作原理和基本应用。

　　通过本章的学习,希望读者可以熟练掌握各种传感器的基本原理并熟练使用。

第4章 信号处理与驱动电路

4.1 滤波电路

4.1.1 电容滤波

1. 单向脉动性直流电压的特点

如图 4-1a 所示是单向脉动性直流电压波形，从图中可以看出，电压的方向无论在何时都是一致的，但在电压幅度上是波动的，即在时间轴上，电压呈现出周期性的变化，所以是脉动性的。

根据波形分解原理可知，这一电压可以分解为一个直流电压和一组频率不同的交流电压，如图 4-1b 所示。在图 4-1b 中，虚线部分是单向脉动性直流电压 u_o 的直流成分，实线部分是 U_o 中的交流成分。

图 4-1　单向脉动性直流电压的波形及分解

2. 电容滤波原理

根据以上的分析可知，单向脉动性直流电压可分解为交流和直流两部分。因此，在电源电路的滤波电路中，利用电容的"隔直通交"特性和储能特性滤除电压中直流成分，或者利用电感的"隔交通直"特性滤除电压中的交流成分。图 4-2 所示是电容滤波原理图。

图 4-2a 为整流电路的输出电路。交流电压经整流电路之后输出的是单向脉动性直流电压，即图中的 u_o。

图 4-2b 为电容滤波电路原理图。由于电容 C_1 对直流电压相当于开路，这样整流电路输出的直流电压不能通过 C_1 到地，只能加到负载 R_L 上。对于整流电路输出电压的交流成分，因为 C_1 容量较大，容抗较小，交流成分通过 C_1 流到地端，而不能加到负载 R_L 上。这样，通过电容 C_1 的滤波，从单向脉动性直流电压中取出了所需要的直流电压+U。

滤波电容 C_1 的容量越大，对交流成分的容抗越小，使残留在负载 R_L 上的交流成分越

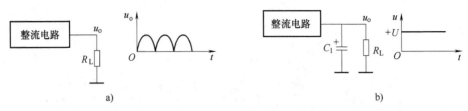

图 4-2 整流电路的输出电路和电容滤波电路原理图

小,滤波效果就越好。

3. 电容滤波电路

如图 4-3a 所示为电容滤波电路,滤波电容容量大,因此一般采用电解电容,在接线时要注意电解电容的正、负极。电容滤波电路利用电容的充、放电作用,使输出电压趋于平滑。

如图 4-3b 所示为电容滤波电路中 u_o 的波形示意图。当 u_2 为正半周并且数值大于电容两端电压 u_C 时,二极管 VD_1 和 VD_3 导通,VD_2 和 VD_4 截止,电流流经负载电阻 R_L 并对电容 C 充电。当 $u_C > u_2$ 时,导致 VD_1 和 VD_3 反向偏置而截止,电容通过负载电阻 R_L 放电,u_C 按指数规律缓慢下降。

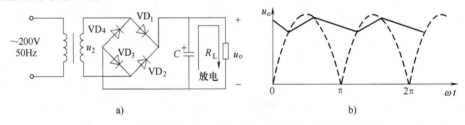

图 4-3 单相桥式整流电容滤波电路及稳态时的波形分析
a) 电路 b) u_o 的波形

当 u_2 为负半周且幅值变化到恰好大于 u_C 时,VD_2 和 VD_4 因加正向电压变为导通状态,u_2 再次对 C 充电,u_C 上升到 u_2 的峰值后又开始下降;下降到一定数值时 VD_2 和 VD_4 变为截止,C 对 R_L 放电,u_C 按指数规律下降;放电到一定数值时 VD_1 和 VD_3 变为导通,重复上述过程。电容充电时间常数为 r_{DC},因为二极管的电阻很小,所以充电时间常数小,充电速度快。$R_L C$ 为放电时间常数,因为 R_L 较大,放电时间常数远大于充电时间常数,因此,滤波效果取决于放电时间常数。电容 C 越大,负载电阻 R_L 越大,滤波后输出的电压越平滑,并且其平均值越大,图 4-4 给出了参数不同时 u_o 的波形示意图。

4.1.2 电感滤波

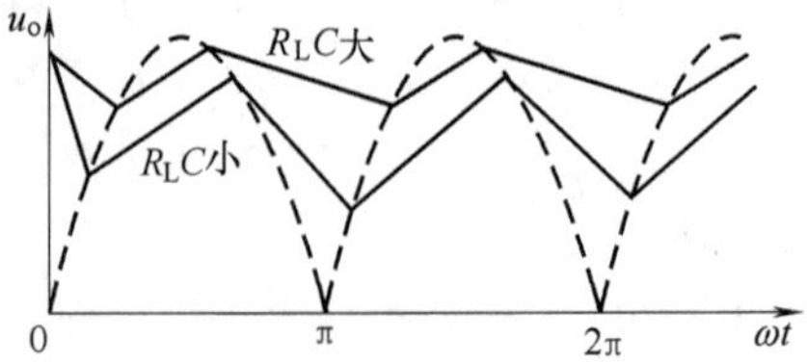

图 4-5 所示是电感滤波原理图。由于电感 L_1 对直流电压相当于通路,这样整流电路输出的直流电压直接加到负载 R_L 上。

对于整流电路输出电压的交流成分,因为 L_1 电

感量较大,感抗较大,对交流成分产生很大的阻碍作用,阻止了交流电通过 L_1 流到负载 R_L。这样,通过电感 L_1 的滤波,从单向脉动性直流电压中取出了所需要的直流电压 $+U$。

图 4-4 参数不同时 u_o 的波形

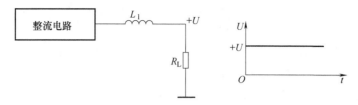

图 4-5 电感滤波原理图

滤波电感 L_1 的电感量越大，对交流成分的感抗越大，使残留在负载 R_L 上的交流成分越小，滤波效果就越好，但直流电阻也会增大。

4.1.3 π 型滤波电路

1. π 型 RC 滤波电路

图 4-6 所示是 π 型 RC 滤波电路。电路中的 C_1、C_2 和 C_3 是滤波电容，R_1 和 R_2 是滤波电阻，C_1、R_1 和 C_2 构成第一节 π 型 RC 滤波电路，C_2、R_2 和 C_3 构成第二节 π 型 RC 滤波电路。由于这种滤波电路的形式如同希腊字母 π 且采用了电阻器和电容器，所以称为 π 型 RC 滤波电路。

π 型 RC 滤波电路原理如下：

1）从整流电路输出的电压首先经过 C_1 的滤波，将大部分的交流成分滤除，然后再加到由 R_1 和 C_2 构成的滤波电路中。C_2 的容抗与 R_1 构成一个分压电路，因为 C_2 的容抗很小，所以对交流成分的分压衰减量很大，达到滤波目的。对于直流电压而言，由于 C_2

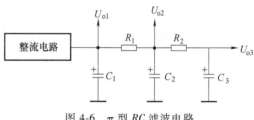

图 4-6 π 型 RC 滤波电路

具有隔直作用，所以 R_1 和 C_2 构成的分压电路对直流不存在分压衰减的作用，这样直流电压通过 R_1 输出。

2）在 R_1 大小不变时，加大 C_2 的容量可以提高滤波效果，在 C_2 容量大小不变时，加大 R_1 的阻值也可以提高滤波效果。但是，滤波电阻 R_1 的阻值不能太大，因为流过负载的直流电流要流过 R_1，在 R_1 上会产生直流电压降，使直流输出电压 U_{o2} 减小。R_1 的阻值越大，或流过负载的电流越大时，R_1 上的电压降越大，直流输出电压就越低。

3）C_1 是第一节滤波电容，加大容量可以提高滤波效果。但是若 C_1 容量太大，在开机时对 C_1 的充电时间会很长，而充电电流是流过整流二极管的，当充电电流太大、时间太长时，会损坏整流二极管。所以采用 π 型 RC 滤波电路时可以使 C_1 容量较小，通过合理设计 R_1 和 C_2 的值来进一步提高滤波效果。

4）π 型 RC 滤波电路中共有 3 个直流电压输出端，分别输出 U_{o1}、U_{o2} 和 U_{o3} 三个直流电压。其中，U_{o1} 只经过电容 C_1 滤波；U_{o2} 经过了 C_1、R_1 和 C_2 的滤波，所以滤波效果更好，U_{o2} 中的交流成分更小；U_{o3} 则经过了两节滤波电路的滤波，滤波效果最好，所以 U_{o3} 中的交流成分最少。

5）3 个直流输出电压的大小不同。电压 U_{o1} 最高，一般用于功率放大器电路，或需要直流工作电压较高、工作电流较大的电路中；电压 U_{o2} 稍低，这是因为电阻 R_1 会产生电压降；电压 U_{o3} 最低，一般用于前级电路作为直流工作电压，因为前级电路的直流工作电压比较低，且要求直流工作电压中的交流成分少。

2. π 型 *LC* 滤波电路

图 4-7 所示是 π 型 *LC* 滤波电路。π 型 *LC* 滤波电路与 π 型 *RC* 滤波电路基本相同，只是将滤波电阻换成滤波电感。滤波电阻对直流电压和交流电压存在相同的电阻，而滤波电感对交流电压的感抗大，对直流电压的电阻小，这样既能提高滤波效果，又不会降低直流输出电压。

在图 4-7 所示电路中，整流电路输出的单向脉动性直流电压先经电容 C_1 滤波，去掉大部分交流成分，然后再加到 L_1 和 C_2 构成的滤波电路中。

对于输出电压的交流成分而言，L_1 对它的感抗很大，这样在 L_1 上的交流电压降大，加到负载上的交流成分小；而对直流电压而言，由于 L_1 不呈现感抗，相当于通路，同时滤波电感采用的线径较粗，直流电阻很小，这样在 L_1 上几乎没有直流电压降，所以直流输出电压比较高，这也是采用电感滤波器的主要优点。

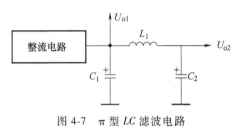

图 4-7 π 型 *LC* 滤波电路

4.2 比较器电路

4.2.1 单限比较器

1. 过零比较器

过零比较器，顾名思义，其阈值电压 $U_T = 0V$，电路如图 4-8a 所示，集成运放 A 工作在开环状态，其输出电压为 $+U_{oM}$ 或 $-U_{oM}$。当输入电压 $u_I < 0V$ 时，$u_o = +U_{oM}$；当 $u_I > 0V$ 时，$U_o = -U_{oM}$。因此，电压传输特性如图 4-8b 所示。若想获得 u_o 跃变方向相反的电压传输特性，则应在图 4-8a 所示电路中将反相输入端接地，而在同相输入端接输入电压。

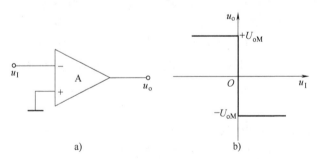

图 4-8 过零比较器电路及其电压传输特性

a）电路 b）电压传输特性

为了限制集成运放的差模输入电压，保护其输入级，可加二极管限幅电路，如图 4-9 所示。

在实际电路中，为了满足负载的需要，常在集成运放的输出端加稳压二极管限幅电路，

从而获得合适的 U_{oL} 和 U_{oH}（U_{oL} 是输出低电平，U_{oH} 是输出高电平），如图 4-10a 所示。图中 R 为限流电阻，两只稳压二极管的稳定电压均应小于集成运放的最大输出电压 U_{oM}。设稳压二极管 VD_{Z1} 的稳定电压为 U_{Z1}，稳压二极管 VD_{Z2} 的稳定

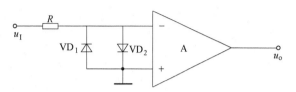

图 4-9　电压比较器输入级的保护电路

电压为 U_{Z2}。当 $u_I < 0V$ 时，由于集成运放的输出电压 $u'_o = +U_{oM}$，使 VD_{Z1} 工作在稳压状态，VD_{Z2} 工作在正向导通状态，所以输出电压 $u_o = U_{oH} = +(U_{Z1}+U_D)$，$U_D$ 是稳压二极管 VD_{Z1} 和 VD_{Z2} 的正向导通电压。当 $u_I > 0V$ 时，由于集成运放的输出电压 $u'_o = -U_{oM}$，使 VD_{Z2} 工作在稳压状态，VD_{Z1} 工作在正向导通状态，所以输出电压 $u_o = U_{oL} = -(U_{Z2}+U_D)$。若要求 $U_{Z1} = U_{Z2}$，则可以采用两只特性相同而又制作在一起的稳压管，其符号如图 4-10b 所示，导通时的端电压标为 $\pm U_Z$。当 $u_I < 0V$ 时，$u_o = U_{oH} = +U_Z$；当 $u_I > 0V$ 时，$u_o = U_{oH} = -U_Z$。

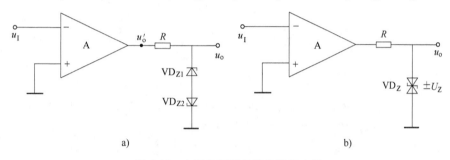

图 4-10　电压比较器的输出限幅电路

a）两只稳压管稳压值不同　b）两只稳压管的稳压值相同

限幅电路的稳压二极管还可跨接在集成运放的输出端和反相输入端之间，如图 4-11 所示。假设稳压二极管截止，则集成运放必然工作在开环状态，输出电压是 $+U_{oM}$ 或 $-U_{oM}$；这样，必将导致稳压二极管击穿而工作在稳压状态，VD_Z 构成负反馈通路，使反相输入端为"虚地"，限流电阻 R 上的电流 i_R 等于稳压二极管的电流 i_Z，输出电压 $u_o = \pm U_Z$。可见，虽然图示电路中引入了负反馈，但它仍具有电压比较器的基本特征。

图 4-11 所示电路具有如下两个优点：一是由于集成运放的净输入电压和净输入电流均近似为零，从而保护了输入级；二是由于集成运放并没有工作到非线性区，因而在输入电压过零时，其内部的晶体管不需要从截止区逐渐进入饱和区，或从饱和区逐渐进入截止区，所以提高了输出电压的变化速度。

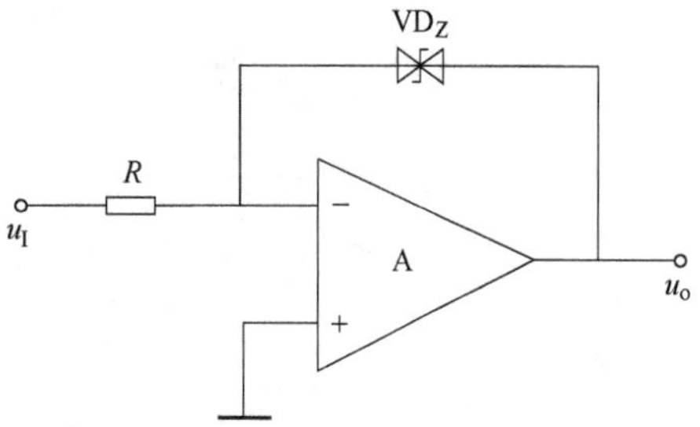

2. 一般单限比较器

图 4-12a 所示为一般单限比较器电路，U_{REF} 为外加参考电压。根据叠加原理，集成运放反相输入端的电压为

图 4-11　将稳压二极管接在反馈通路中

$$u_N = \frac{R_1}{R_1+R_2}u_I + \frac{R_2}{R_1+R_2}U_{REF} \tag{4-1}$$

令 u_p 为集成运放同相输入端电压，u_N 为比较器反相输入端电压，且 $u_N = u_p = 0V$，则求出阈值电压

$$U_T = -\frac{R_2}{R_1}U_{REF} \tag{4-2}$$

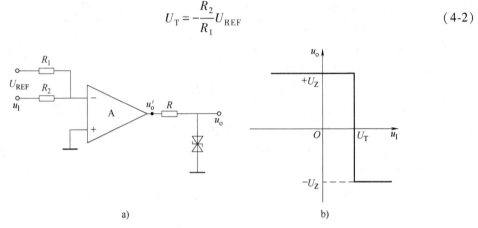

a)   b)

图 4-12 一般单限比较器电路及其电压传输特性

a) 电路 b) 电压传输特性

当 $u_I < U_T$ 时，$u_N < u_p$，所以 $u_o' = +U_{oM}$，$u_o = U_{oH} = +U_Z$；当 $u_I > U_T$ 时，$u_N > u_p$，所以 $u_o' = -U_{oM}$，$u_o = U_{oL} = -U_Z$。若 $U_{REF} < 0V$，则图 4-12a 所示电路的电压传输特性如图 4-12b 所示。

综上所述，分析电压传输特性三个要素的方法是：

1）通过研究集成运放输出端所接的限幅电路来确定电压比较器的输出低电平 U_{oL} 和输出高电平 U_{oH}。

2）写出集成运放同相输入端、反相输入端电压 u_p 和 u_N 的表达式，令 $u_N = u_p$，求得输入电压就是阈值电压 U_T。

3）u_o 在 u_I 过 U_T 时的跃变方向取决于 u_I 作用于集成运放的哪个输入端。当 u_I 从反相输入端（或通过电阻）输入时，$u_I < U_T$，$u_o = U_{oH}$；$u_I > U_T$，$u_o = U_{oL}$。当 u_I 从同相输入端（或通过电阻）输入时，$u_I < U_T$，$u_o = U_{oL}$；$u_I > U_T$，$u_o = U_{oH}$。

4.2.2 窗口比较器

图 4-13a 所示为一种双限比较器，即窗口比较器，外加参考电压 $U_{RH} > U_{RL}$，电阻 R_1、

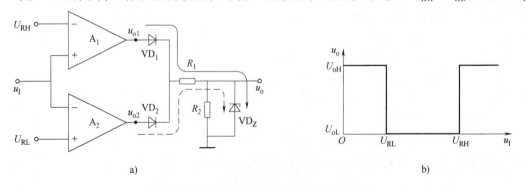

a)   b)

图 4-13 双限比较器电路及其电压传输特性

a) 电路 b) 电压传输特性

R_2 和稳压二极管 VD_Z 构成限幅电路。

当输入电压 $u_1 > U_{RH}$ 时，必然大于 U_{RL}，所以集成运放 A_1 的输出电压 $u_{o1} = +U_{oM}$，A_2 的输出电压 $u_{o2} = -U_{oM}$。因此二极管 VD_1 导通，VD_2 截止，电流通路如图中实线所标注，稳压二极管 VD_Z 工作在稳压状态，输出电压 $u_o = +U_Z$。

当 $u_1 < U_{RL}$ 时，必然小于 U_{RH}，所以 A_1 的输出 $u_{o1} = -U_{oM}$，A_2 的输出 $u_{o2} = +U_{oM}$。因此二极管 VD_2 导通，VD_1 截止，电流通路如图中虚线所标注，VD_Z 工作在稳压状态，u_o 仍为 $+U_Z$。

当 $U_{RL} < u_1 < U_{RH}$ 时，$u_{o1} = u_{o2} = -U_{oM}$，所以 VD_1 和 VD_2 均截止，稳压二极管 VD_Z 截止，$u_o = 0V$。

U_{RH} 和 U_{RL} 分别为比较器的两个阈值电压，设 U_{RH} 和 U_{RL} 均大于零，则图 4-13a 所示电路的电压传输特性如图 4-13b 所示。

4.3 加减运算电路

实现多个输入信号按各自不同的比例求和或求差的电路统称为加减运算电路。若所有输入信号均作用于集成运放的同一个输入端，则实现加法运算；若一部分输入信号作用于同相输入端，而另一部分输入信号作用于反相输入端，则实现加减法运算。

输出电压与同相输入端信号电压极性相同，与反相输入端信号电压极性相反，因而如果多个信号同时作用于两个输入端时，那么必然可以实现加减运算。

图 4-14 所示为四个输入的加减运算电路，表示反相输入端各信号作用和同相输入端各信号作用的电路分别如图 4-15a 和图 4-15b 所示。

图 4-15a 所示电路为反相求和运算电路，则输出电压为

$$u_{o1} = -R_f \left(\frac{u_{I1}}{R_1} + \frac{u_{I2}}{R_2} \right) \tag{4-3}$$

图 4-15b 所示电路为同相求和运算电路，若 $R_1 // R_2 // R_f = R_3 // R_4 // R_5$，则输出电压为

$$u_{o2} = R_f \left(\frac{u_{I3}}{R_3} + \frac{u_{I4}}{R_4} \right) \tag{4-4}$$

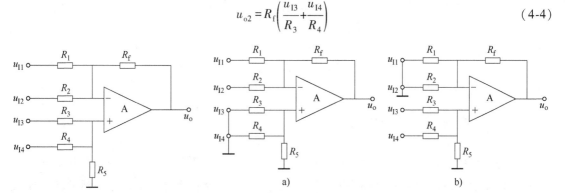

图 4-14 加减运算电路

图 4-15 利用叠加原理求解加减运算电路

a）反相输入端各信号作用时的等效电路　b）同相输入端各信号作用时的等效电路

因此，所有输入信号同时作用时的输出电压为

$$u_o \approx u_{o1} + u_{o2} = R_f \left(\frac{u_{I3}}{R_3} + \frac{u_{I4}}{R_4} - \frac{u_{I1}}{R_1} - \frac{u_{I2}}{R_2} \right) \tag{4-5}$$

若电路只有两个输入，且参数对称，如图 4-16 所示，则电路实现了对输入差模信号的比例运算，输出电压 u_o 为

$$u_o = \frac{R_f}{R} (u_{I2} - u_{I1}) \tag{4-6}$$

在使用单个集成运放构成的加减运算电路时存在两个缺点，一是电阻的选取和调整不方便，二是对于每个信号源的输入电阻均较小。因此，必要时可采用两级电路，如可用图 4-17 所示电路实现差分比例运算。第一级电路为同相比例运算电路，因而有

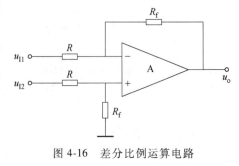

图 4-16　差分比例运算电路

$$u_{o1} = \left(\frac{R_{f1}}{R_1} + 1 \right) u_{I1} \tag{4-7}$$

利用叠加原理，第二级电路的输出为

$$u_o = -\frac{R_{f2}}{R_3} u_{o1} + \left(\frac{R_{f2}}{R_3} + 1 \right) u_{I2} \tag{4-8}$$

若 $R_1 = R_{f2}$，$R_3 = R_{f1}$，则有

$$u_o = \left(\frac{R_{f2}}{R_3} + 1 \right) (u_{I2} - u_{I1}) \tag{4-9}$$

从电路的组成可以看出，对于集成运放的同相输入端和反相输入端，均可认为输入电阻为无穷大。

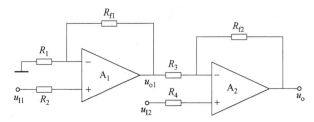

图 4-17　高输入电阻的差分比例运算电路

4.4　积分和微分运算电路

积分运算和微分运算互为逆运算。在自控系统中，常用积分电路和微分电路作为调节环节；此外，它们还广泛应用于波形的产生和变换，以及仪器仪表之中。以集成运放作为放大电路，利用电阻和电容作为反馈网络，可以实现这两种运算电路。

1. 积分运算电路

在图 4-18 所示积分运算电路中，由于集成运放的同相输入端通过 R' 接地，因此其同相和反相输入端的电压满足 $u_p = u_N = 0\text{V}$，为"虚地"。

图中，电容 C 中电流等于电阻 R 中电流，即 $i_C = i_R = \dfrac{u_I}{R}$；输出电压与电容上电压的关系为 $u_o = -u_C$；而电容上的电压等于其电流的积分，故 $u_o = -\dfrac{1}{C}\int i_C \mathrm{d}t = -\dfrac{1}{RC}\int u_I \mathrm{d}t$。

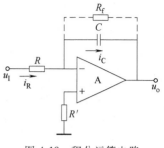

图 4-18　积分运算电路

在求解 t_1 到 t_2 时间段的积分值时，有

$$u_o = -\frac{1}{RC}\int_{t_1}^{t_2} u_I \mathrm{d}t + u_o(t_1) \qquad (4\text{-}10)$$

式中，$u_o(t_1)$ 为积分起始时刻的输出电压，即积分运算的起始值，积分的终值是 t_2 时刻的输出电压。

当 u_I 为常量时，输出电压为

$$u_o = -\frac{1}{RC}u_I(t_2 - t_1) + u_o(t_1) \qquad (4\text{-}11)$$

当输入为阶跃信号时，若 t_0 时刻电容上的电压为零，则输出电压波形如图 4-19a 所示。当输入为方波和正弦波时，输出电压波形分别如图 4-19b 和图 4-19c 所示。可见，利用积分运算电路可以实现方波-三角波的波形变换和正弦-余弦的移相功能。

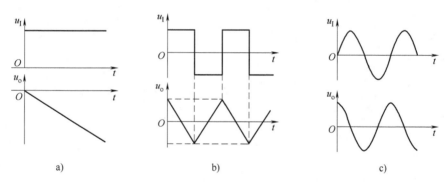

图 4-19　积分运算电路在不同输入情况下的波形

a）输入为阶跃信号　b）输入为方波　c）输入为正弦波

在实际电路中，为了防止低频信号增益过大，常在电容上并联一个电阻加以限制，如图 4-18 中虚线所示。

2. 微分运算电路

（1）基本微分运算电路

若将图 4-18 所示电路中电阻 R 和电容 C 的位置互换，则可得到基本微分运算电路，如图 4-20 所示。

根据"虚短"和"虚断"的原则，$u_p = u_N = 0\mathrm{V}$，为"虚地"，电容两端电压 $u_C = u_I$。因而

$$i_C = i_R = C\frac{\mathrm{d}u_I}{\mathrm{d}t} \qquad (4\text{-}12)$$

输出电压为

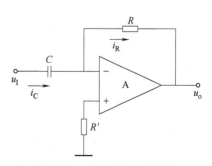

图 4-20　基本微分运算电路

$$u_o = -i_R R = -RC \frac{du_1}{dt} \qquad (4\text{-}13)$$

输出电压与输入电压的变化率成比例。

（2）实用微分运算电路

在图 4-20 所示电路中，无论是输入电压产生阶跃变化，还是脉冲式大幅值干扰，都会使得集成运放内部的放大管进入饱和或截止状态，以至于即使信号消失，管子仍不能脱离原状态回到放大区，出现阻塞现象，电路不能正常工作；同时，由于反馈回路为滞后环节，它与集成运放内部的滞后环节相叠加，易于满足自激振荡的条件，从而使电路不稳定。为了解决上述问题，可在输入端串联一个小阻值的电阻 R_1，以限制输入电流，也就限制了 R_1 中电流；在反馈电阻 R 上并联稳压二极管，以限制输出电压幅值，保证集成运放中的放大管始终工作在放大区，不至于出现阻塞现象；在 R 上并联小容量电容 C_1，起相位补偿作用，提高电路的稳定性，如图 4-21 所示。该电路的输出电压与输入电压成近似微分关系。若输入电压为方波，且 $RC \ll \dfrac{T}{2}$（T 为方波的周期），则输出为尖顶波，如图 4-22 所示。

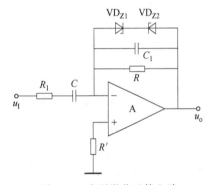

图 4-21　实用微分运算电路

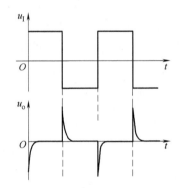

图 4-22　微分电路输入输出波形分析

（3）递函数型微分运算电路

若将积分运算电路作为反馈回路，则可得到微分运算电路，如图 4-23 所示。为了保证电路引入的是负反馈，使 A_2 的输出电压 u_{o2} 与输入电压 u_1 极性相反，u_1 应加在 A_1 的同相输入端。在图 4-23 所示电路中，$i = i_2$，即有

$$\frac{u_1}{R_1} = -\frac{u_{o2}}{R_2} \qquad (4\text{-}14)$$

$$u_{o2} = -\frac{R_2}{R_1} u_1 \qquad (4\text{-}15)$$

根据积分运算电路的运算关系可知

$$u_{o2} = -\frac{1}{R_3 C} \int u_o \, dt \qquad (4\text{-}16)$$

因此有

$$-\frac{R_2}{R_1} u_1 = -\frac{1}{R_3 C} \int u_o \, dt \qquad (4\text{-}17)$$

从而得到输出电压为

$$-\frac{R_2}{R_1}u_1 = -\frac{1}{R_3 C}\int u_{\text{o}}\,\mathrm{d}t \tag{4-18}$$

$$u_{\text{o}} = \frac{R_2 R_3 C}{R_1}\frac{\mathrm{d}u_1}{\mathrm{d}t} \tag{4-19}$$

利用积分运算电路来实现微分运算的方法具有普遍意义。例如，采用乘法运算电路作为集成运放的反馈通路，便可以实现除法运算。采用乘方运算电路作为集成运放的反馈通路，便可以实现开方运算。与一般运算电路一样，利用逆运算的方法组成运算电路时，引入的必须是负反馈。

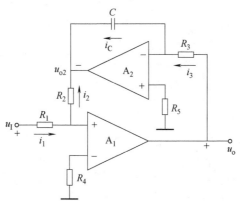

图 4-23　逆函数型微分运算电路

4.5　ULN2803 驱动电路

4.5.1　基本信息

ULN2803 驱动继电器时，输出端直接接继电器线圈一端，继电器线圈的另一端接电源，常用的是 5V 继电器，也就是继电器线圈另一端接 5V 电源。ULN2803 的引脚 9 要接 5V 正电源，片内有续流二极管。ULN2803 的输入端可直接和单片机 I/O 相连，不必加电阻。单片机输出高电平时就可驱动继电器动作。

ULN2803 为八重达林顿晶体管阵列，引脚 1~8 为输入，对应的引脚 18~11 为输出，如图 4-24 所示。引脚 10 为 8 路输出的续流二极管公共端。当输入电压为 5V 时，可直接驱动 TTL 和 5V 的 CMOS 电路，输出为 500mA、50V。因为输出是集电极开路，所以输出接负载，负载的另一端需接正电源，引脚 9 接地。当输入为 0 时，输出达林顿管截止，负载无电流；输入为高电平时，输出达林顿管饱和，负载有电流流入输出口。引脚 10 在驱动感性负载时使用，需接负载电源。

ULN 是集成达林顿晶体管的驱动电路，内部集成了一个消除线圈反电动势的二极管，可用来驱动继电器。它是双列 18 引脚封装，内有 NPN 晶体管矩阵，最大驱动电压为 50V，电流为 500mA，输入电压为 5V，适用于 TTL、COMS 电路的驱动。ULN 的输出端允许通过电流为 200mA，饱和压降 U_{CE} 约 1V，基极开路时集电极-发射极反向击穿电压约为 36V。用户输出口的外接负载可根据以上参数估算。由于采用集电极开路输出，输出电流大，因此 ULN 驱动电路可直接驱动继电器或固体继电器，也可直接驱动低压灯泡。

4.5.2 常见应用

AVR 单片机 AT90S8515 共有 4 个并行 8 位口，即 A口、B 口、C 口、D 口。由于 AT90S8515 需要用+5V 直流电压供电，每个并行口引脚输出的最大电压不超过 5V，输出电流最大为 20mA，四相八拍电动机（MT2）需要 12V 直流电压供电，因此，AT90S8515 单片机 C 口输出的信号不足以控制步进电动机，所以必须加上驱动电路（ULN2803）。步进电动机控制系统中将单片机 AT90S8515C 口的高四位 PC4～PC7 与驱动电路接口芯片 ULN2803 的 A、B、C、D 四个引脚相连。电路连接如图 4-25 所示。

ULN2803 的内部原理图如图 4-26 所示。

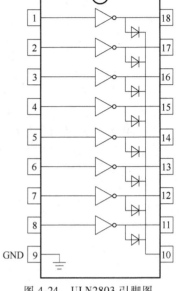

图 4-24　ULN2803 引脚图

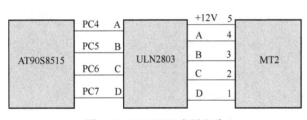

图 4-25　ULN2803 应用电路

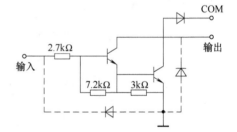

图 4-26　ULN2803 的内部原理图

4.5.3 参数值

ULN2803 的参数值如表 4-1 所示。

表 4-1　ULN2803 参数值

参　　数	符　　号	数　　值	单　　位
输出电压	U_O	50	V
输入电压	U_I	30	V
集电极电流	I_C	500	mA
基极电流	I_B	25	mA
操作环境温度范围	T_A	0～70	℃
储存温度范围	T_{stg}	−55～150	℃
结温	T_J	125	℃

4.6　L298N 驱动电路

4.6.1　基本信息

L298 是（SGS-Thomson）公司的产品，比较常见的是 15 引脚 Multiwatt15H 封装的

L298N，其芯片内部包含4通道逻辑驱动电路，可以方便地驱动两个直流电动机，或一个两相步进电动机，还可以驱动两个二相电动机或一个四相电动机，输出电压最高可达50V，可以直接通过电源来调节输出电压，可以直接用单片机的I/O口提供PWM信号，并且电路简单，使用比较方便。由于本温控电路中只需要控制电动机的正反转，所以将IN1、IN4以及IN2、IN3连接在一起，通过输入逻辑电平来控制电动机正反转。L298是一个高电压、大电流的双层全桥驱动，该器件用于接收标准的TTL逻辑电平信号和驱动如继电器、螺线管、直流电动机和步进电动机等负载，两种输入信号可作为独立驱动和不独立驱动的输入信号。每个桥的晶体管的发射极连在一起，相对应的接线口与采样电阻相连。另外一个额外的输入用于使其工作在合理的低电压环境。

4.6.2 外部引脚

L298N引脚9可接收标准TTL逻辑电平信号，电压范围为4.5~7V。引脚4接电源电压，电压范围为+2.5~46V。输出电流可达2.5A，可驱动感性负载。引脚1和引脚15的发射极分别单独引出以便接入电流采样电阻，形成电流传感信号。L298N可驱动两个电动机，引脚2、3和13、14之间可分别接电动机。引脚5、7、10、12接输入控制电平，控制电动机的正反转。引脚6、11接控制使能端，控制电动机的停转。

L298N外部引脚图如图4-27所示。

L298N内部原理图如图4-28所示。

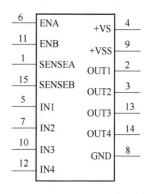

图4-27 L298N外部引脚图

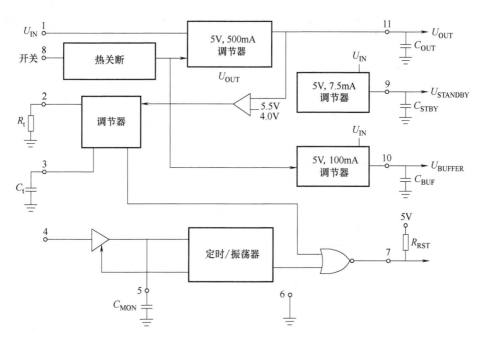

图4-28 L298N内部原理图

4.6.3 参数值

L298 参数值如表 4-2 所示。

表 4-2　L298 的参数值

类　型	刷式直流	最小工作电源电压	4.8V
输出配置	双全桥接	尺寸	19.6mm×5mm×10.7mm
最大 IGBT 集电极电流	4A	宽度	5mm
最大集电极-发射极电压	46V	高度	10.7mm
安装类型	通孔	长度	19.6mm
封装类型	Multiwatt	最低工作温度	−25℃
引脚数目	15 个	最高工作温度	+130℃
最大工作电源电压	46V	—	—

本 章 小 结

本章主要讲述了在电路设计中常用的滤波电路、比较器电路、运算电路、ULN2803 和 L298N 驱动电路等。滤波电路包括电容滤波、电感滤波和 π 型滤波电路等，滤波电路可以抵御外来信号的干扰，使输入的信号波动变小。比较器包括过零比较器、单限比较器和窗口比较器等，比较器可以把模拟信号转换成数字信号，也可以用于检测阈值电压一定的电信号。运算电路包括加减法运算电路和微积分电路等。在电动机驱动方面常用的驱动电路有 ULN2803 和 L298N。

通过本章节的学习，希望读者可以了解并掌握信号处理电路和驱动电路的正确使用方法。

第5章　电源电路

5.1　DC-DC 稳压电源

5.1.1　DC-DC 稳压电源的概述

　　DC-DC（直流-直流）稳压电源电路也称为 DC-DC 转换电路，它的主要功能是进行输入输出电压的转换。一般将输入电源电压在 72V 以内的电压变换过程称为 DC-DC 转换。常见的电源主要分为车载与通信系列和通用工业与消费系列，前者使用的电源电压一般为 48V、36V、24V 等，后者使用的电源电压一般在 24V 以下。目前，现场可编程逻辑门阵列（FPGA）、数字信号处理（DSP）使用 2V 以下的电压，如 1.8V、1.5V、1.2V 等。在通信系统中，DC-DC 稳压电源也称为二次电源，它是由一次电源或直流电池组提供一个直流输入电压，经 DC-DC 转换以后可以在输出端获得一个或几个直流电压。

5.1.2　DC-DC 稳压电源电路

1. DC-DC 转换电路的主要分类

1）稳压二极管稳压电路。

2）模拟（线性）稳压电路。

3）开关型稳压电路。

2. 稳压二极管稳压电路

稳压二极管稳压电路原理图如图 5-1 所示。

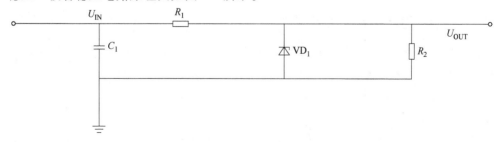

图 5-1　稳压二极管稳压电路原理图

选择稳压二极管时可按式（5-1）~式（5-3）进行估算：

$$U_Z = U_{OUT} \qquad (5\text{-}1)$$

$$I_{Zmax} = (1.5 \sim 3) I_{Lmax} \qquad (5\text{-}2)$$

$$U_{IN} = (2 \sim 3) U_{OUT} \qquad (5\text{-}3)$$

式中，U_Z 是稳压二极管的电压值；I_{Zmax} 是流过稳压二极管的最大电流值；I_{Lmax} 是流过负载的最大电流值；U_{IN} 为输入的电压值；U_{OUT} 为输出的电压值。

3. 模拟（线性）稳压电路

线性稳压电路的设计方案主要以三端稳压器为主。三端稳压器主要有两种：一种输出电压是固定的，称为固定输出三端稳压器。其通用产品有 LM78 系列（正电源）和 LM79 系列（负电源），输出电压由具体型号中的后面两个数字代表，有 5V、6V、8V、9V、12V、15V、18V、24V 等；输出电流以 78（或 79）后面的字母来区分，L 表示 0.1A，M 表示 0.5A，无字母表示 1.5A，如 78L05 表示输出 5V 直流电压和 0.1A 的电流。另一种输出电压是可调的线性稳压电路，称为可调输出三端稳压器，其主要代表是 LM317（正输出）和 LM337（负输出）系列。其最大输入输出极限差值在 40V，输出电压为 1.2~35V（-1.2~35V）连续可调，输出电流为 0.5~1.5A，输出端与调整端之间电压为 1.25V，调整端静态电流为 50uA。

4. 开关型稳压电路

开关型稳压电路是采用开关电源芯片设计的 DC-DC 转换电路，转化效率高，适用于功率较大的电源电路，目前已得到广泛的应用。常用的开关型稳压电路为非隔离式与隔离式的开关电源电路。其基本拓扑包括降压（Buck）型、升压（Boost）型、升降压（Boost-Buck）型及反激、正激、桥式变化等。

5.1.3　DC-DC 稳压电源常用模块

常见的 DC-DC 稳压电源模块为 LM2596，表 5-1 给出了 LM2596 的基本属性。

表 5-1　LM2596 基本属性

模块性质	非隔离降压(Buck)	整流方式	非同步整流
输入电压	3.2~40V	输出电压	1.25~35V
输出电流	3A(最大)	转换效率	92%(最高)
开关频率	65kHz	输出纹波	30mV(最大)
负载调整频率	±0.5%	电压调整率	±2.5%
工作温度	-40~85℃	—	—

5.1.4　DC-DC 稳压电源常用模块故障分析

尽管电源模块的可靠性比较高，但也可能发生故障，在 DC-DC 稳压电源模块中，一般可能发生的故障有以下几种：

1）模块在使用过程中输出电压降低。

2）模块停止工作。

3）模块输出电压过高。

4）模块输入短路。

5）模块输出电流过大。

前两种 DC-DC 模块故障一般不会带来很大危险，可以通过故障诊断电路检测并报警。

第三种模块故障比较危险，它可以烧毁应用电路，一般通过过电压保护电路来实现过电压保护，也可以通过在输出端加稳压二极管来实现。设计时要合理选择稳压二极管的参数，防止由于温度不同造成稳压点的变化。有些模块本身自带过电压保护。一般来讲，25W 以下模块无过电压保护功能，25W 以上模块内部设计有过电压保护电路。过电压保护点一般设计为 135~145V 额定电压。因此在详细设计时要确认模块是否具有这些功能，以免重复设计。

第四种模块故障会导致输入过电流，严重时烧坏印制电路板，一般可以通过在输入端选择合适的熔断器进行保护。熔断器在布线时一般要靠近电源模块的输入端，这样设计的目的是降低输入线的引线电感，避免熔断器熔断时，引线电感引起输入端的过电压。

第五种模块故障可以通过选择带有过电流保护的电源模块来实现保护，一般的电源模块都有过电流保护功能，这种模块在其内部可以通过检测变换器一次侧或二次侧电流来实现，但要损失一定的效率。在进行电压模块选择时，不是功率额定值越大越好。如果电压值下降过大，当用户端短路时，由于传输电压降的存在，输出电流不足以实现模块过电流，有可能引起芯片过热甚至损坏。

5.1.5 DC-DC 稳压电源模块的选择

1. 额定功率

一般建议实际使用功率是电源模块额定功率的 30%~80% 为宜，这个功率范围内的电源模块各方面性能都能充分发挥且稳定可靠。负载太小造成资源浪费，太大则对温升、可靠性等不利。

2. 封装形式

电源模块的封装形式多种多样，有符合国际标准的，也有符合非标准的，就同一公司产品而言，相同功率的产品有不同封装，相同封装的产品有不同功率，因此封装形式主要考虑以下三个方面：

1）一定功率条件下体积要尽量小，这样才能给系统其他部分更多空间，实现更多功能。

2）尽量选择符合国际标准封装的产品，因为兼容性较好。

3）应具有可扩展性，便于系统的扩容和升级。选择这样一种封装，系统由于功能升级对电源功率的要求提高，产品升级时电源模块封装依然不变，系统线路板设计可以不必改动，从而大大简化了产品的升级更新换代，节约了时间。

5.2 Boost 电路

5.2.1 基本介绍

升压（Boost）电路是六种基本斩波电路之一，是一种开关直流升压电路，它可以使输出电压比输入电压高。Boost 电路主要应用于直流电动机传动、单相功率因数校正（PFC）电路及其他交直流电源中，实现电路在 195~255V 与 463~546V 这两个电压范围内快速稳定地动态切换。所以设计 Boost 电路时，使其工作在连续传导模式下，使得直流输入电压在 195~546V 这个大电压范围内均能输出 580V 直流电压；电路设计时还需要对电感值进行计算，对开关管、二极管和电容进行选取。

5.2.2 Boost 电路拓扑结构及参数计算

1. Boost 电路拓扑结构分析

单管非隔离型 Boost 电路是一个升压斩波电路，通过在开关管导通阶段和截止阶段的电感电流是否为 0 来判断其工作模式。若在开关管 VT 截止期间，电感中的电流以及存储电能降为零，则称为电感电流断续传导模式（Discontinous Conducion Mode，DCM）；否则为电感电流连续传导模式（Continous Conduction Mode，CCM）。通常情况下，Boost 电路处于电感电流连续传导模式，即 CCM 状态。

如图 5-2 所示为 Boost 变换器的电路拓扑图，由开关管 VT、二极管 VD、LC 低通滤波器和负载 R 组成。

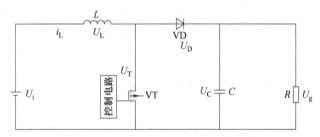

图 5-2　Boost 变换器电路拓扑

如图 5-3 所示为开关导通拓扑图，图 5-4 所示为关断导通拓扑图。

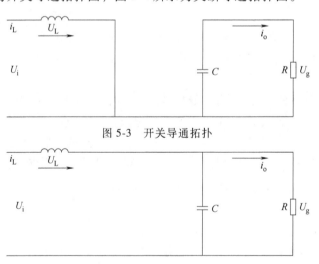

图 5-3　开关导通拓扑

图 5-4　关断导通拓扑

Boost 变换器的基本工作原理是，在输入电压、电容电感参数值以及负载电阻值变化的情况下，控制电路通过被控制信号与基准信号的差值进行闭环反馈，调节主电路开关管的导通阶段或截止阶段时间，使得开关管的输出电压或电流相对稳定。

当开关管 VT 导通时，二极管 VD 承受反偏电压而截止。$U_L = U_i$，电感电流线性增加，电感储能增加，电源向电感转移电能。电容 C 放电，加在负载两端的输出电压开始下降。

当开关管 VT 断开时，电感 L 中电流不能突变，产生感应电动势将阻止电感电流的减小，并且二极管导通，U_L 与 U_i 串联形成新的电源向电容和电阻供电。电感电流减少，电感储能减少，电感储能向负载转移电能，当输出电压低于电容两端电压时，电容 C 开始向负载放电。稳态情况下，VT 断开，电感电流减少，完成了升压功能。显然，开关管导通时间越长，则导通比越大，负载获得的能量越多，输出电压越高。

2. 连续传导模式

假设开关管、二极管均是理想器件，即能瞬间导通和截止，导通时电压降为零，截止时漏电流为零。电感是理想元件并工作在未饱和的线性区，同时电容也是理想元件，变换器工作于连续导通模式（稳态开关周期中始终有电感电流）。输出电压中的纹波电压与输出电压的比值小到忽略不计，并忽略电感的寄生电阻以及电容等效串联电阻。当 Boost 变换器主电路工作在 CCM 状态时，电路中存在电感电流，设 t_{on} 表示开关管的导通时间，用 t_{off} 表示开关管的截止时间，T_s 表示开关周期。

假设电感在导通阶段没有饱和，电流增加 ΔI，则电感两端电压为

$$U_L = U_i = L\frac{di_L}{dt} = L\frac{\Delta I}{t_{on}} \tag{5-4}$$

$$I_{Lmax} = \frac{U_i}{L}t_{on} + I_{Lmin} \tag{5-5}$$

式中，I_{Lmin} 为开关管导通前电感 L 中的电流；I_{Lmax} 为开关管导通截止时电流达到的最大值；ΔI 为电感纹波电流。

该阶段输出的负载电压全部是由电容输出，选择合适的电容可以减少输出波纹电压。对处于连续传导模式的 Boost 变换器，其周期内电感的平均电流 $I_{avg} > 0.5\Delta I$，若 $I_{avg} = 0.5\Delta I$，则处于临界状态，$I_{avg} < 0.5\Delta I$ 则处于 DCM 状态。由临界状态可推出临界条件为

$$\frac{1}{2}\Delta I = \frac{1}{2}\frac{U_i}{L}DT_s$$

则有

$$\frac{L}{RT_s} = \frac{D(1-D)^2}{2}$$

式中，D 为开关管的导通时间占空比，$D = t_{on}/T_s$。

当开关管关断时，电感电流不能突变，电感两端电压反向，此时忽略二极管的导通电压降，电感通过二极管向电容 C 充电，使得输出电压高于输入电压，完成升压。即在此阶段上，电感电流线性下降：

$$U_g - U_i = L\frac{\Delta I}{t_{off}} \tag{5-6}$$

稳态下导通阶段和截止阶段的电感纹波电流 ΔI 相等，即

$$\frac{U_g - U_i}{L}t_{off} = \frac{U_g}{L}t_{on} \tag{5-7}$$

$$U_g = \frac{U_i}{1-D} \tag{5-8}$$

由式（5-8）可知，输出电压随占空比增大而增大，所以输出总是大于输入。Boost 变换器在 CCM 下的波形如图 5-5 所示，调节开关管的导通时间 t_{on}（脉宽调制 PWM）或开关周期 T_s（脉冲频率调制 PFM）可以改变输出电压。

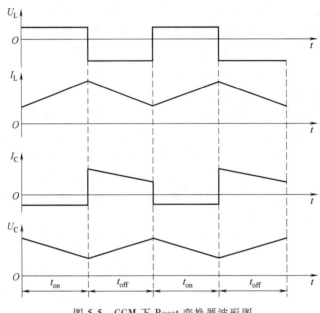

图 5-5　CCM 下 Boost 变换器波形图

5.2.3　工作原理

Boost 电路结构如图 5-6a 所示，假设负载端为纯阻性负载，用 R 表示。电路中的开关管和二极管工作在导通和截止两个状态时是一个强非线性系统。假定开关管是理想器件，并且认为状态转换是瞬间完成的。在电感电流连续的 Boost 电路中，设开关管导通占空比为 D，开关周期为 T。此时电路有三种开关状态：

1）VT 导通，VD 截止。

2）VT 关断，VD 导通。

3）VT 关断，VD 截止，电感电流为零。

三种开关状态下的等效电路如图 5-6b、图 5-6c 和图 5-6d 所示。电路中有两种工作模式：连续传导模式（CCM）和不连续传导模式（DCM）。连续传导模式工作状态包含图 5-6b 和图 5-6c 两种。不连续传导模式工作状态包含图 5-6b、图 5-6c 和图 5-6d 三种工作状态。

Boost 电路工作在电感电流连续时的工作波形示意图如图 5-7 所示，电感电流断续时的工作波形示意图如图 5-8 所示。图中，t_o 为一个开关周期内电感不工作的时间。

对于 CCM 状态下的 Boost 电路，当开关管 VT 导通时，电感存储能量，电感电流以某一斜率上升，此时二极管 VD 反偏截止。电容 C 通过负载 R 进行放电，电容电压降低。当开关管 VT 截止时二极管 VD 导通，电流流经二极管，由电感两端电压和输入电压 U_{IN} 对电容 C 充电，电容两端电压上升，电感电流减小。当电路趋于稳定时，开关管 VT 周期性地通断，电容充放电能量趋于动态平衡，这样就可以得到一个稳定的含有纹波的直流电压 U_o。

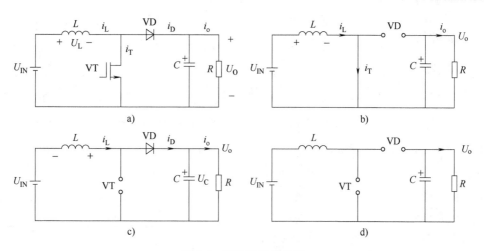

图 5-6 开关状态等效图

a) Boost 电路结构   b) 开关状态 1   c) 开关状态 2   d) 开关状态 3

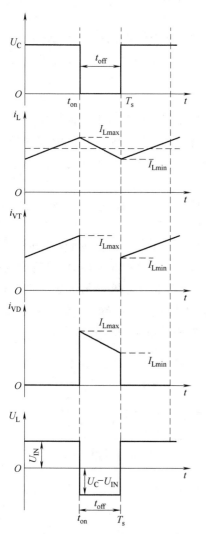

图 5-7 电感电流连续时的工作波形示意图

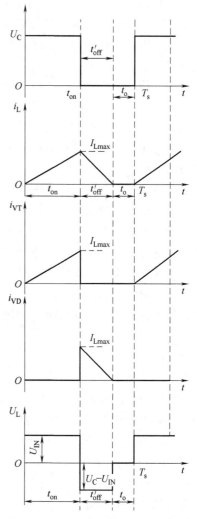

图 5-8 电感电流断续时的工作波形示意图

5.2.4 参数选择

1. 电感量选择

与电感电流有关的电流量包括电感交流电流 I_{AC}、直流电流 I_{DC}、峰值电流 I_{PK}，如图 5-9 所示。由 $U=L\dfrac{\mathrm{d}I}{\mathrm{d}t}$ 可得 $\Delta I = U\Delta t/L$，电感电流纹波值 ΔI 取决于施于电感两端的电压 U 乘以该电压作用的时间 Δt 并除以电感 L。

设计 Boost 电路时，电流纹波率 r 是一个很重要的量，它是由电感电流的交流分量与其相应的直流分量的比值决定的，会影响功率器件的电流应力和所有功率器件的损耗，以及器件的选择。r 值选取 0.2 是比较合适的，r 值比 0.2 小得越多，所需电感的体积越大；r 值比 0.2 大时，电感体积并不会减少太

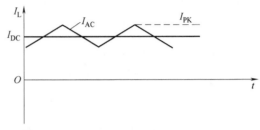

图 5-9　电感的交流电流、直流电流与峰值电流

多，但电容电流却显著增加，使电容内部发热严重。工作在稳态的电容平均电流为零，由于电容的隔直作用，电容电流主要以斜坡波形部分为主。由于改变 r 将改变波形的斜坡部分，从而显著影响电容电流。

当输入电压发生变化时，电感的交流、直流和峰值电流也随之变化。了解峰值电流在输入电压变化的范围内何时最大，对于保证电感不会饱和是很重要的。电路需要保证电感不会发生饱和，因为电感饱和时，电感量急剧减小，会造成电路无法正常工作。输入电压在可变化的范围内变化时，某一时刻电压下的电感峰值电流会达到最大值，此时对电路进行设计可避免饱合的问题。

当输入电压增加时，占空比会下降，电感电流下降时的斜率 $\Delta I/t_{off}$ 也下降。由于 $\Delta I/t_{off}$ 等于 U_{off}/L，即 $(U_o-U_{IN})/L$，而若要使 U_o-U_{IN} 下降，实现斜率 $\Delta I/t_{off}$ 的下降，要么增加 t_{off}（减小占空比），要么降低 ΔI。实际上，ΔI 是增加的，如果 t_{off} 的增量大于 ΔI 的增量，就可以满足降低 $\Delta I/t_{off}$ 的要求。当占空比 D 小于 0.5 时，ΔI 随 D 的增加而增加；当占空比 D 大于 0.5 时，ΔI 随 D 的增加而减少。因此，交流电流随输入电压变化而变化的情况是不确定的，峰值电流随输入电压的变化情况最终只由直流电流的变化情况来决定。Boost 电路直流电流的变化情况随着输入电压的增大而减少，因此要在最小输入电压下设计 Boost 电路（此时占空比 D 最大）。

2. 二极管的选择

二极管的选择要考虑：

1) 二极管的额定电流至少等于二极管承受的最大电流的两倍。

2) 二极管的额定电压至少比二极管承受的最大电压大 20%。

Boost 电路中二极管承受的最大电流为 37.6A，二极管承受的最大电压为 580V，二极管可以选择三菱公司 2FI100G-100 型器件。

3. 开关管的选择

开关管的选择要考虑：

1) 开关管的额定电流至少等于开关管电流有效值的两倍。

2）开关管的额定电压至少是开关管承受的最大电压的两倍。

3）开关管电流的有效值为 34.2A，开关管承受最大电压为 580V。开关管选用 BSM150GB120DN2B 型 IGBT 模块，可以满足电路要求。

4. 输出电容选择

通常情况下，在电感电流保持连续的模式状态下，电容的大小取决于输出电流、开关频率和期望的输出纹波三个要素。在开关管开通时，输出滤波电容提供整个负载电流。在 Boost 电路系统中，为了能够满足期望的输出波纹电压，具体的输出滤波电容值可以按照式 (5-9) 选取：

$$C \geqslant \frac{I_{\text{omax}} D_{\max}}{f \Delta U} \tag{5-9}$$

式中，I_{omax} 为最大输出电流值；$D_{\max}$ 为最大占空比；ΔU 为期望的纹波电压；f 为开关频率。

考虑到额定电压至少比实际应用场合中的输出电压 U_o 大 20%～50%，因此，纹波电压和输出电压的比值不高于 1%。

$$\frac{\Delta U}{U_\text{o}} = \gamma = 1\% \tag{5-10}$$

实际应用中的电压 U_o 为 580V，$\Delta U = 5.8$V。综合要求，根据式 (5-9) 可以计算出输出滤波电容值为 1118μf，选用 4 个 4700μf/DC400V 电解电容，两两并联再串联连接，可以满足电路要求。

5.2.5 控制策略选择

Boost 变换器控制方案多是基于状态空间平均模型或小信号模型设计的，该方法可以很好地保证 Boost 电路稳态和动态低频小信号性能。数字信号处理技术的进步，使得数字控制方式渐渐取代传统的模拟控制方式。目前，数字控制在功率变换器中有着越来越广泛的应用。数字控制的算法如数字 PID 控制、预测控制、神经网络控制、模糊控制、自适应控制、前馈控制等根据其各自特点，应用在不同场合，提高了控制系统的动静态性能，系统鲁棒性能也大大提高。PID 控制的特点是算法简单、鲁棒性好、可靠性高。比例环节实时反映控制系统偏差，使控制器产生作用，消除偏差，提高控制精度；积分环节能消除静差，提高系统稳定性；微分环节可以加快系统动作速度，减小调节时间。数字 PID 是一种采样控制，可以通过前向差分、后向差分、突斯汀变换、冲击响应不变法等离散化的方法实现。

本 章 小 结

本章主要讲述了常用的 DC-DC 稳压电源和 Boost 电路。DC-DC 稳压电源部分讲述了 DC-DC 稳压电源电路、模块故障分析和器件的选择，涉及稳压二极管、LM317 可调三端稳压器、LM78 系列和 LM79 系列的三端稳压器等。Boost 电路主要讲述了其工作原理、拓扑结构、参数计算及控制策略的选择等。

通过本章节的学习，希望读者可以掌握稳压二极管、LM317 可调三端稳压器、LM78 系列和 LM79 系列的三端稳压器的正确使用方法，同时掌握 Boost 电路的工作原理、电路参数计算及控制策略的选择原则等。

第6章 常用算法

6.1 PID控制算法

6.1.1 基本概念

  PID（Proportion Integration Differentiation）算法是一种很常见的比例、积分、微分控制算法，将偏差的比例（Proportion）、积分（Integral）和微分（Differential）通过线性组合构成控制量，用这一控制量对被控对象进行控制，这样的控制器称为 PID 控制器。该控制器适用于需要将某一个物理量"保持稳定"的场合（如维持平衡，稳定温度、转速等）。当被控对象的结构和参数不能完全掌握，或得不到精确的数学模型，控制理论的其他技术难以采用，以及系统控制器的结构和参数必须依靠经验和现场调试来确定时，应用 PID 控制技术会带来很大的方便。即当我们不完全了解一个系统和被控制对象，或者不能通过有效的测量手段来获得系统参数时，最适合使用 PID 控制技术。使用 PID 算法时，既可以分别单独使用比例、积分或者微分算法，也可以将其两两结合使用或者三者一起使用，通过这三个算法的组合可有效地纠正被控制对象的偏差，从而达到一个稳定的状态。

  当然，PID 算法也有一定的局限性。由于实际的工业生产过程具有非线性、时变不确定性，因此难以建立精确的数学模型，常规的 PID 控制器并不能达到理想的控制效果；在实际生产现场中，由于受到烦锁的参数整定方法的困扰，常规 PID 控制器参数往往整定不良、效果欠佳，对运行工况的适应能力较差。

6.1.2 模拟 PID 控制

1. 模拟 PID 控制原理

  在模拟控制系统中，控制器最常用的控制方法是 PID 控制。为了说明控制器的工作原理，先看一个例子。如图 6-1 所示是一个小功率直流电动机调速原理图。将给定速度 $n_0(t)$ 与实际转速 $n(t)$ 进行比较，其差值 $e(t)=n_0(t)-n(t)$，经过 PID 控制器调整后输出电压控

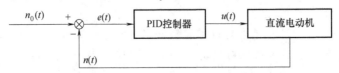

图 6-1　小功率直流电动机调速原理图

制信号 $u(t)$，$u(t)$ 经过功率放大后，驱动直流电动机改变其转速。

常规的模拟 PID 控制系统原理框图如图 6-2 所示。该系统由模拟 PID 控制器和被控对象组成。图中，$r(t)$ 是给定值，$y(t)$ 是系统的实际输出值，给定值与实际输出值构成控制偏差 $e(t)$，即

$$e(t) = r(t) - y(t) \tag{6-1}$$

$e(t)$ 作为 PID 控制器的输入，$u(t)$ 作为 PID 控制器的输出和被控对象的输入，所以模拟 PID 控制器的控制规律为

$$u(t) = K_p \left[e(t) + \frac{1}{T_i} \int_0^t e(t)\,\mathrm{d}t + T_d \frac{\mathrm{d}e(t)}{\mathrm{d}t} \right] \tag{6-2}$$

式中，K_p 为控制器的比例系数；T_i 为控制器的积分时间，也称积分系数；T_d 为控制器的微分时间，也称微分系数。

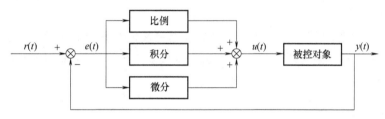

图 6-2　模拟 PID 控制系统原理框图

2. 比例部分

比例部分的数学式表示为 $K_p e(t)$。

在模拟 PID 控制器中，比例环节的作用是对偏差瞬间作出反应。偏差一旦产生，控制器立即产生控制作用，使控制量向减少偏差的方向变化。控制作用的强弱取决于比例系数 K_p，K_p 越大，控制作用越强，则过渡过程越快，控制过程的静态偏差也就越小；但是 K_p 越大，也越容易产生振荡，破坏系统的稳定性。因此，必须选择恰当的比例系数 K_p，才能达到过渡时间短、静差小而又稳定的效果。

3. 积分部分

积分部分的数学式表示为 $\dfrac{K_p}{T_i} \int_0^t e(t)\,\mathrm{d}t$。

从积分部分的数学表达式可以知道，只要存在偏差，积分环节的控制作用就会不断增加；只有在偏差 $e(t) = 0$ 时，它的积分才能是一个常数，控制作用才是一个不会增加的常数。可见，积分环节可以消除系统的偏差。

积分环节的调节作用虽然会消除静态误差，但也会降低系统的响应速度，增加系统的超调量。积分常数 T_i 越大，积分的积累作用越弱，这时系统在过渡时不会产生振荡；但是增大积分常数 T_i 会减慢静态误差的消除过程，消除偏差所需的时间也较长，但可以减少超调量，提高系统的稳定性。当 T_i 较小时，积分的作用较强，这时在系统的过渡期间有可能产生振荡，不过消除偏差所需的时间较短。所以必须根据实际控制的具体要求来确定 T_i。

4. 微分部分

微分部分的数学式表示为 $K_p T_d \dfrac{\mathrm{d}e(t)}{\mathrm{d}t}$。

在实际的控制系统中，除了希望消除静态误差外，还要求加快调节过程。在偏差出现的瞬间，或在偏差变化的瞬间，不但要对偏差量作出立即响应（比例环节的作用），而且要根据偏差的变化趋势预先给出适当的纠正。为了实现这一作用，可在 PI 控制器的基础上加入微分环节，形成 PID 控制器。

微分环节的作用是阻止偏差的变化。它是根据偏差的变化趋势（变化速度）进行控制的。偏差变化的越快，微分控制器的输出就越大，并能在偏差值变大之前进行修正。微分作用的引入，将有助于减小超调量，克服振荡，使系统趋于稳定，特别对高阶系统非常有利，它加快了系统的跟踪速度。但微分环节对输入信号的噪声很敏感，对于噪声较大的系统一般不采用微分，或在微分环节起作用之前先对输入信号进行滤波。

微分环节的作用由微分时间常数 T_d 决定。T_d 越大，其抑制偏差 $e(t)$ 变化的作用就越强；T_d 越小，则反抗偏差 $e(t)$ 变化的作用就越弱。显然，微分环节对系统的稳定有很大作用。适当地选择微分常数 T_d，可以使微分作用达到最优。

由于计算机的出现并进入控制领域，人们开始将模拟 PID 控制规律引入到计算机中来。对式（6-2）的 PID 控制规律进行适当的变换，就可以用软件来实现 PID 控制，即数字 PID 控制。

6.1.3 数字 PID 控制

数字式 PID 控制算法可以分为位置式和增量式 PID 控制算法。

1. 位置式 PID 控制算法

由于计算机控制是一种采样控制，它只能根据采样时刻的偏差计算控制量，而不能像模拟控制那样连续输出控制量，进行连续控制。由于这一特点，式（6-2）中的积分项和微分项不能直接使用，必须进行离散化处理。离散化处理的方法为：以 T 作为采样周期，k 作为采样序号，则离散采样时间 kT 对应着连续时间 t，用矩形法数值积分近似代替积分，用一阶后向差分近似代替微分，可作如下近似变换：

$$\begin{cases} t \approx kT(k = 0,1,2,\cdots) \\ \displaystyle\int_0^t e(t)\,\mathrm{d}t \approx T\sum_{j=0}^k e(jT) = T\sum_{j=0}^k e_j \\ \dfrac{\mathrm{d}e(t)}{\mathrm{d}t} \approx \dfrac{e(kT) - e[(k-1)T]}{T} = \dfrac{e_k - e_{k-1}}{T} \end{cases} \tag{6-3}$$

式中，为了表示的方便，将类似于 $e(kT)$ 简化成 e_k 等。

将式（6-3）代入式（6-2），即可以得到离散的 PID 表达式为

$$u_k = K_p\left[e_k + \frac{T}{T_i}\sum_{j=0}^k e_j + T_d\frac{(e_k - e_{k-1})}{T}\right] \tag{6-4}$$

或

$$u_k = K_p e_k + K_i\sum_{j=0}^k e_j + K_d(e_k - e_{k-1}) \tag{6-5}$$

式中，k 为采样序号，$k = 0,1,2,\cdots$；u_k 为第 k 次采样时刻的计算机输出值；e_k 为第 k 次采样时刻输入的偏差值；e_{k-1} 为第 $k-1$ 次采样时刻的计算机输出值；K_i 为积分系数，$K_i =$

$K_p \dfrac{T}{T_i}$；K_d 为微分系数，$K_d = K_p \dfrac{T_d}{T}$。

如果采样周期足够小，则式（6-4）或式（6-5）的近似计算可以获得足够精确的结果，离散控制过程与连续过程十分接近。

式（6-4）或式（6-5）表示的控制算法是直接按式（6-2）所给出的 PID 控制规律定义进行计算的，所以它给出了全部控制量的大小，因此被称为全量式或位置式 PID 控制算法。

这种算法的缺点是：由于全量输出，所以每次输出均与过去状态有关，计算时要对 e_k 进行累加，工作量大；此外，因为计算机输出的 u_k 对应的是执行机构的实际位置，如果计算机出现故障，u_k 将大幅度变化，引起执行机构的大幅度变化，有可能会造成严重的生产事故，这在实际生产中是不允许的。

增量式 PID 算法可以减少控制器的抖动，使控制器更加稳定，避免严重现象发生，还可以有效减少控制器的计算量，提高控制器的计算效率。

2. 增量式 PID 控制算法

所谓增量式 PID 控制，是指数字控制器的输出只是控制量的增量 Δu_k。当执行机构需要的控制量是增量，而不是位置量的绝对数值时，可以使用增量式 PID 控制算法进行控制。

增量式 PID 控制算法可以通过式（6-4）推导。由式（6-4）可以得到控制器的 $k-1$ 个采样时刻的输出值为

$$u_{k-1} = K_p \left[e_{k-1} + \frac{T}{T_i} \sum_{j=0}^{k-1} e_j + T_d \frac{(e_{k-1} - e_{k-2})}{T} \right] \tag{6-6}$$

将式（6-4）与式（6-6）相减并整理，就可以得到增量式 PID 控制算法公式为

$$\Delta u_k = u_k - u_{k-1} = K_p \left(e_k - e_{k-1} + \frac{T}{T_i} e_k + T_d \frac{e_k - 2e_{k-1} + e_{k-2}}{T} \right)$$

$$= K_p \left(1 + \frac{T}{T_i} + \frac{T_d}{T} \right) e_k - K_p \left(1 + \frac{2T_d}{T} \right) e_{k-1} + K_p \frac{T_d}{T} e_{k-2}$$

$$= A e_k - B e_{k-1} + C e_{k-2} \tag{6-7}$$

式中，$A = K_p \left(1 + \dfrac{T}{T_i} + \dfrac{T_d}{T} \right)$；$B = K_p \left(1 + \dfrac{2T_d}{T} \right)$；$C = K_p \dfrac{T_d}{T}$。

由式（6-7）可以看出，如果计算机控制系统采用恒定的采样周期 T，一旦确定 A、B、C，只要使用前后三次测量的偏差值，就可以由式（6-7）求出控制量。

增量式 PID 控制算法与位置式 PID 控制算法相比，计算量小得多，因此在实际中得到了广泛的应用。而位置式 PID 控制算法也可以通过增量式控制算法推出递推计算公式：

$$u_k = u_{k-1} + \Delta u_k \tag{6-8}$$

式（6-8）就是目前在计算机控制中广泛应用的数字递推 PID 控制算法。

3. 控制器参数的整定

控制器参数的整定是指确定控制器的比例系数 K_p、积分时间 T_i、微分时间 T_d 和采样周期 T_s 的具体数值。整定的实质是通过改变控制器的参数，使其特性和过程特性相匹配，以

改善系统的动态和静态性能，取得最佳的控制效果。

整定控制器参数的方法很多，归纳起来可分为两大类，即理论计算整定法和工程整定法。理论计算整定法有对数频率特性法和根轨迹法等；工程整定法有凑试法、临界比例法、经验法、衰减曲线法和响应曲线法等。工程整定法的特点是不需要事先知道过程的数学模型，直接在过程控制系统中进行现场整定，方法简单、计算简便、易于掌握。

（1）凑试法

按照先比例（P）、再积分（I）、最后微分（D）的顺序，令控制器积分时间 $T_i = \infty$，微分时间 $T_d = 0$，在比例系数 K_p 按经验设置的初值条件下，将系统投入运行，由小到大整定比例系数 K_p。求得满意的 1/4 衰减度过渡过程曲线。

引入积分作用（此时应将上述比例系数设置为 $5/6K_p$），将 T_i 由大到小进行整定。

若需引入微分作用，则将 T_d 按经验值或 $T_d = (1/3 \sim 1/4)T_i$ 设置，并由小到大加入。

（2）临界比例法

在闭环控制系统里，将控制器置于纯比例作用下，从小到大逐渐改变控制器的比例系数，得到等幅振荡的过渡过程曲线，如图 6-3 所示。此时的比例系数称为临界比例系数，相邻两个波峰间的时间间隔称为临界振荡周期 T_u。

临界比例法的步骤为：

1）将控制器的积分时间置于最大（$T_i = \infty$），微分时间置零（$T_d = 0$），比例系数适当，平衡操作一段时间后将系统投入自动运行。

2）将比例系数 K_p 逐渐增大，得到等幅振荡过程曲线，记下临界比例系数 K_u 和临界振荡周期 T_u 值。

3）根据 K_u 和 T_u 值，根据表 6-1 中的经验公式，计算出控制器各个参数，即 K_p、T_i 和 T_d。按照先比例、再积分、最后微分的操作顺序将控制器参数调整为计算值。若还不够满意，可再作进一步调整。

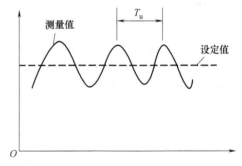

图 6-3　等幅振荡的过渡过程曲线

临界比例法整定的注意事项：

有的过程控制系统，临界比例系数很大，使系统接近两式控制，调节阀不是全关就是全开，对工业生产不利。

有的过程控制系统，当控制器比例系数调到最大刻度值时，系统仍不能产生等幅振荡，对此，就把最大刻系数的比例系数作为临界比例系数 K_u 进行控制器的参数整定。

（3）经验法

用凑试法确定 PID 参数需要经过多次反复的实验，为了减少凑试次数，提高工作效率，可以借鉴他人的经验，并根据一定的要求，事先作少量的实验，以得到若干基准参数，然后按照表 6-1 中的经验公式，用这些基准参数推导出 PID 控制参数，这就是经验法。

临界比例法就是一种经验法。这种方法首先将控制器选为纯比例控制器，并形成闭环，改变比例系数，使系统对阶跃输入的响应达到临界状态，这时记下比例系数 K_u、临界振荡周期 T_u，然后由这两个基准参数就可以得到不同类型的控制器参数。

表 6-1　临界比例法和经验法经验公式

控制器	K_p	T_i	T_d
P	$0.5K_u$	—	—
PI	$0.45K_u$	$0.83T_u$	—
PID	$0.6K_u$	$0.5T_u$	$0.12T_u$

这种临界比例法主要是针对模拟 PID 控制器，对于数字 PID 控制器，只要采样周期取得较小，原则上也可使用。在电动机的控制中，可以先采用临界比例法，然后在采用临界比例法求得结果的基础上，用凑试法进一步完善。表 6-1 的控制参数实际上是按衰减度为 1/4 时得到的。通常认为 1/4 的衰减度能兼顾到稳定性和快速性。如果要求更大的衰减，则必须用凑试法对参数作进一步的调整。

（4）采样周期的选择

香农（Shannon）采样定律是指为不失真地复现信号的变化，采样频率至少应大于或等于连续信号最高频率分量的二倍。根据采样定律可以确定采样周期的上限值。实际采样周期的选择还要受到多方面因素的影响，不同系统的采样周期应根据具体情况来选择。

采样周期的选择通常是根据过程特性与干扰大小进行的，即对于响应快（如流量、压力）、波动大、易受干扰的过程，应选取较短的采样周期；反之，当过程响应慢（如温度、成分）、滞后大时，可选取较长的采样周期。

采样周期的选取应与 PID 参数的整定进行综合考虑，采样周期应远小于过程扰动信号的周期，在执行器的响应速度比较慢时，过小的采样周期将失去意义，因此可适当选大一点；在计算机运算速度允许的条件下，采样周期短，则控制品质好；当过程的纯滞后时间较长时，一般选取采样周期为纯滞后时间的 1/8~1/4。

4. 参数调整规则的探索

通过对 PID 控制理论的认识以及对长期人工操作经验的总结，可知 PID 参数应依据以下几点来适应系统的动态过程。

1）在偏差比较大时，为尽快消除偏差，提高响应速度，同时为了避免系统响应出现超调，K_p 取大值，K_i 取零；在偏差比较小时，为继续减小偏差，并防止超调过大，产生振荡，稳定性变坏，K_p 要减小，K_i 取小值；在偏差很小时，为消除静差，克服超调，使系统尽快稳定，K_p 值继续减小，K_i 值不变或稍取大。

2）当偏差与偏差变化率同号时，被控量是朝偏离既定值方向变化的。因此，当被控量接近既定值时，反号的比例作用会阻碍积分作用，避免积分超调以及随之而来的振荡，有利于控制；而当被控量远离既定值并向既定值变化时，由于这两项反向，将会减慢控制过程。当偏差比较大，偏差变化率与偏差异号时，K_p 值取零或负值，以加快控制的动态过程。

3）偏差变化率的大小表明偏差变化的速率，e_k-e_{k-1} 越大，K_p 取值越小，K_i 取值越大，反之亦然。同时，要结合偏差大小来考虑。

4）微分作用可改善系统的动态特性，阻止偏差的变化，有助于减小超调量，消除振荡，缩短调节时间 t_s，允许加大 K_p，使系统稳态误差减小，提高控制精度，达到满意的控制效果。所以，在 e_k 比较大时，K_d 取零，实际为 PI 控制；在 e_k 比较小时，K_d 取正值，实际为 PID 控制。

5. 自校正 PID 控制器

对于一个特定的被控对象，在纯比例控制的作用下改变比例系数可以求出产生临界振荡的振荡周期 T_u 和临界比例系数 K_u。

根据表 6-1 的经验公式有

$$\begin{cases} T = 0.1T_u \\ T_i = 0.5T_u \\ T_d = 0.12T_u \end{cases} \tag{6-9}$$

将式（6-9）代入式（6-7）有

$$\Delta u_k = K_p(2.45e_k - 3.5e_{k-1} + 1.25e_{k-2}) \tag{6-10}$$

很显然，采用式（6-10）可以十分容易地实现常数 K_p 的校正。

6.2 数字滤波算法

6.2.1 数字滤波算法的应用场景

在单片机进行数据采集时，会出现数据的随机误差，随机误差是由随机干扰引起的，其特点是在相同条件下测量同一数据时，其大小和符号会因无规则的变化而无法预测，但多次测量的结果符合统计规律。为克服随机干扰引起的误差，硬件上可采用滤波技术（由电阻、电感和电容组合成的滤波电路）、软件上可采用数字滤波算法来实现。滤波算法往往是系统测控算法的一个重要组成部分，实时性很强。

6.2.2 数字滤波算法的优势

1）数字滤波无须其他的硬件成本，只是一个计算过程，可靠性高，不存在阻抗匹配问题。尤其是数字滤波可以对频率很低的信号进行滤波，模拟滤波器很难实现。

2）数字滤波使用软件算法实现，多输入通道可共用一个滤波程序，降低系统开支。

3）只要适当改变滤波器的滤波程序或运算，就能方便地改变其滤波特性，这对于滤除低频干扰和随机信号会有较好的效果。

6.2.3 常用的数字滤波算法

1. 克服大脉冲干扰的数字滤波算法

克服大脉冲干扰的数字滤波算法是指能克服由仪器外部环境偶然因素引起的突变性扰动或由仪器内部不稳定引起误码等造成的尖脉冲干扰的算法，是仪器数据处理的第一步，包括：

（1）限幅滤波法

思想：将两次相邻的采样相减，求出其增量，然后将增量的绝对值与两次采样允许的最大差值 A 进行比较。A 的大小由被测对象的具体情况而定，如果小于或等于允许的最大差值，则本次采样有效；否则取上次采样值作为本次数据的样本。

注意：限幅滤波主要用于处理变化较缓慢的数据，如温度、物体的位置等。使用时，关键要选取合适的差值 A，通常可由经验数据获得，必要时也可通过实验得到。

优点：能有效克服因偶然因素引起的脉冲干扰。

缺点：无法抑制周期性的干扰，平滑度差。

程序实现：

```
#define A 10
char value;
char filter( int value)
{
    char new_value;
    new_value = get_ad( ) ;
    if( ( new_value-value>δ) || ( value-new_value>δ) )
        return value;
    return new_value;
}
```

（2）中值滤波法

思想：对某一参数连续采样 N 次（N 一般为奇数），然后把 N 次采样的值按从小到大排列，再取中间值作为本次采样值，整个过程实际上是一个序列排序的过程。

注意：中值滤波比较适用于去掉由偶然因素引起的波动和采样器不稳定而引起的脉动干扰。若被测量值变化比较慢，采用中值滤波法效果会比较好，但如果数据变化比较快，则不宜采用此方法。

优点：能有效克服因偶然因素引起的波动（脉冲）干扰。

缺点：不适宜处理流量、速度等快速变化的参数。

程序实现：

```
#define N 11

char filter( )
{
    char value_buf[ N] ;
    char count,i,j,temp;
    for( count = 0;count<N;count++)
    {
        value_buf[ count] = get_ad( ) ;
        delay( ) ;
    }
    for( j = 0;j<N-1;j++)
    {
        for( i = 0;i<N-j;i++)
        {
```

```
        if(value_buf>value_buf[i+1])
        {
            temp = value_buf;
            value_buf = value_buf[i+1];
            value_buf[i+1] = temp;
        }
    }
}
return value_buf[(N−1)/2];
}
```

2. 抑制小幅度高频噪声的平均滤波算法

抑制小幅度高频噪声的平均滤波算法是指能克服小幅度高频电子噪声，如电子器件热噪声、A/D 量化噪声等的算法，通常采用具有低通特性的线性滤波器，包括：

（1）算术平均滤波法

思想：连续取 N 次采样值后进行算术平均。

注意：算术平均滤波法适用于对具有随机干扰的信号进行滤波。这种信号的特点是信号在某一数值附近上下波动，信号的平均平滑程度完全取决于 N 值。当 N 较大时，平滑度高，灵敏度低。当 N 较小时，平滑度低，但灵敏度高。为了方便求平均值，N 一般取 4、8、16、32 等的 2 的整数幂，以便在程序中用右移位操作来代替除法。

优点：对滤除混杂在被测信号上的随机干扰信号非常有效。被测信号的特点是有一个平均值，信号在某一数值范围附近上下波动。

缺点：不易消除脉冲干扰引起的误差。对于采样速度较慢或要求数据更新率较高的实时系统，算术平均滤波法无法使用。

程序实现：

```
#define N 12
char filter()
{
    intsum = 0;
    for(count = 0;count<N;count++)
    {
        sum+=get_ad();
        delay();
    }
    return(char)(sum/N);
}
```

（2）递推平均滤波法

思想：把 N 个测量数据看成一个队列，队列的长度固定为 N，每进行一次新的采样，把测量结果放入队尾，而去掉原来队首的一个数据，这样在队列中始终有 N 个"最新"的数据。

优点：对周期性干扰有良好的抑制作用，平滑度高，适用于高频振荡的系统。

缺点：灵敏度低，对偶然出现的脉冲性干扰的抑制作用较差，不易消除由于脉冲干扰所引起的采样值偏差，不适用于脉冲干扰比较严重的场合。

程序实现：

```
#define N 12
char value_buf[N];
char i=0;
char filter()
{
    char count;
    int sum=0;
    value_buf[i++]=get_ad();
    if(i==N)  i=0;
    for(count=0;count<N,count++)
        sum+=value_buf[count];
    return(char)(sum/N);
}
```

（3）加权递推平均滤波法

思想：加权递推平均滤波法是对递推平均滤波法的改进，即不同时刻的数据加以不同的权重常数，越接近当前时刻的数据，权值取得越大。给予新采样值的权重系数越大，则灵敏度越高，但信号平滑度低。

优点：适用于有较大纯滞后时间常数的对象和采样周期较短的系统。

缺点：对于纯滞后时间常数较小、采样周期较长、变化缓慢的信号，不能迅速反应系统当前所受干扰的严重程度，滤波效果差。

程序实现：

```
#define N 12
char code coe[N]={1,2,3,4,5,6,7,8,9,10,11,12};
char code sum_coe=1+2+3+4+5+6+7+8+9+10+11+12;
char filter()
{
    char count;
    char value_buf[N];
    int sum=0;
    for(count=0,count<N;count++)
    {
        value_buf[count]=get_ad();
        delay();
```

```
    }
    for( count = 0,count<N;count++)
        sum+ = value_buf[ count] * coe[ count];
    return(char)(sum/sum_coe);
}
```

(4) 一阶滞后滤波法

思想：一阶滞后数字滤波器是用软件的方法来实现硬件的 RC 滤波，以抑制干扰信号。在模拟量输入通道中，常用一阶滞后 RC 模拟滤波器来抑制干扰。用此种方法来实现对低频干扰的滤除时，首先遇到的问题是要求滤波器有大的时间常数（时间常数 = RC）和高精度的 RC 网络。时间常数越大，要求 RC 值越大，其漏电流也必然增大，从而使 RC 网络精度下降。而采用一阶滞后的数字滤波方法，能很好地克服这种模拟量滤波器的缺点，适用于滤波常数要求较大的场合。

优点：对周期性干扰具有良好的抑制作用，适用于波动频率较高的场合。

缺点：相位滞后，灵敏度低，滞后程度取决于 A 值大小，不能消除滤波频率高于采样频率 1/2 的干扰信号。

程序实现：

```
#define A 50
char value;
char filter( )
{
    char new_value;
    new_value = get_ad( );
    return(1-A) * value+A * new_value;
}
```

3. 复合滤波法

在实际应用中，既要消除大幅度的脉冲干扰，又要做到数据平滑。因此常把前面介绍的方法结合起来使用，形成复合滤波法。去极值平均滤波法是先用中值滤波法滤除采样值中的脉冲性干扰，然后把剩余的各采样值进行平均滤波。连续采样 N 次，剔除其最大值和最小值，再求余下 $N-2$ 个采样的平均值。显然，这种方法既能抑制随机干扰，又能滤除明显的脉冲干扰，包括：

(1) 中值平均滤波法

思想：中值平均滤波法相当于"中值滤波法"+"算术平均滤波法"。

优点：融合了两种滤波法的优点。这种方法既能抑制随机干扰，又能滤除明显的脉冲干扰。

缺点：测量速度较慢，和算术平均滤波法一样，数据量较大，比较浪费 RAM。

程序实现：

```
#define N 12
char filter( )
```

```
{
    char count,i,j;
    char value_buf[N];
    int sum=0;
    for(count=0;count<N;count++)
    {
        value_buf[count]=get_ad();
        delay();
    }
    for(j=0;j<N-1;j++)
    {
        for(i=0;i<N-j;i++)
        {
            if(value_buf[i]>value_buf[i+1])
            {
                temp=value_buf[i];
                value_buf[i]=value_buf[i+1];
                value_buf[i+1]=temp;
            }
        }
    }
    for(count=1;count<N-1;count++)
        sum+=value[count];
    return(char)(sum/(N-2));
}
```

（2）限幅平均滤波法

思想：限幅平均滤波法相当于"限幅滤波法"+"递推平均滤波法"。

注意：限幅平均滤波法适用于缓慢变化的信号。

优点：融合了两种滤波法的优点，对于偶然出现的脉冲性干扰，可消除由于脉冲干扰所引起的采样值偏差。

缺点：数据量较大，比较浪费 RAM。

程序实现：

```
#define A 200
#define N 20

unsigned int num_sub(unsigned int a,unsigned int b)
{
    return(a>=b? (a-b) : (b-a));
```

```
    }

unsigned int filter6(void)
{
    static unsigned int value_buf[N];
    static unsigned int i=0;
    unsigned int count;
    unsigned int new_value=0;
    static unsigned int last_value=0;
    int sum=0;
    new_value=ReadVol_CH2();
    if(num_sub(new_value,last_value)<A)
    {
        value_buf[i++]=new_value;
        last_value=new_value;
    }
    else
    {
        value_buf[i++]=last_value;
    }
    if(i==N)
    {
        i=0;
    }
    for(count=0;count<N;count++)
    {
        sum+=value_buf[count];
    }
    return(unsigned int)(sum/N);
}
```

本 章 小 结

本章主要讲述了常用于自动控制的 PID 控制算法和信号处理的数字滤波算法。PID 控制算法主要讲了 PID 算法的基本概念、模拟 PID 控制和数字 PID 控制。数字滤波算法主要讲了数字滤波算法的应用场景和常用的数字滤波算法,并给出了程序实现过程。

通过本章节的学习,希望读者可以掌握 PID 控制算法和数字滤波算法的正确使用。

第7章 执 行 器 件

7.1 直流电动机

在电动机的发展史上，直流电动机发明的较早，起初它的电源为电池，后来才出现了交流电动机。当三相交流电被发明以后，交流电动机得以迅速发展，但是目前为止，直流电动机仍在工业领域中得到应用。直流电动机主要有以下优点：调速范围广，易于平滑调速；起动、制动和过载转矩大；易于控制，可靠性较高。直流电动机多用于对调速要求较高的机械生产上，如轧钢机、电车、电气铁道牵引、挖掘机械、纺织机械等。

7.1.1 直流电动机的基本结构

如图 7-1 所示，直流电动机包括定子和转子两大部分。

定子部分由主磁极、换向器、机座、端盖和轴承等组成，它的主要作用是产生主磁场和在机械上支撑电动机。其中主磁极包括主磁极铁心和套在上面的励磁绕组，给励磁绕组通入电流就产生主磁场。磁极下面扩大的部分称为极掌，它的作用是使通过空气中的磁通分布最为合适，并使励磁绕组能牢固地固定在铁心上。磁极是磁路的一部分，一般采用 1.0 ~ 1.5mm 的钢片叠压制成；励磁绕组用绝缘铜线绕成。换向极用来改善电枢电流的换向性能，它也是由铁心和绕组构成的，用螺杆固定在定子的两个主磁极的中间。电刷装置包括电刷以及电刷座，它们固定在定子上，其电刷与换向器保持滑动接触，以便将电枢绕组和外电流接通。机座一方面用来固定主磁极、换向极和端盖等，并将整个电动机的支架用地脚螺钉固定在机座上，另一方面也是电动机磁路的一部分，一般用铸钢或者是钢板压成。

运行时转动的部分称为转子，其主要作用是产生电磁转矩和感应电动势，是直流电动机进行能量转换的枢纽，所以通常又称为电枢，由转轴、电枢铁心、电枢绕组、换向器和风扇等组成。电枢铁心是主磁路的主要部分，同时用以嵌放电枢绕组。一般电枢铁心采用由 0.5mm 厚的硅钢片冲制而成的冲片叠压而成，以降低电动机运行时电枢铁心中产生的涡流损耗和磁滞损耗。电枢部分的作用是产生电磁转矩和感应电动势，进行能量变换，电枢绕组一般有许多线圈或玻璃丝包扁钢铜线或强度漆包线。换向器又称整流子，在直流电动机中，它的作用是将电刷上的直流电源的电流变换成电枢绕组内的沟通电流，使电磁转矩的倾向稳定不变；在直流发电机中，它将电枢绕组沟通电动势变换为电刷端上输出的直流电动势。

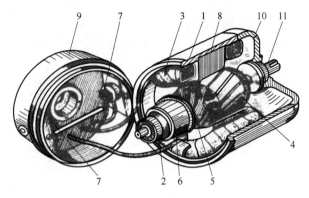

图 7-1   直流电动机结构示意图

1—机座   2—轴承   3—励磁绕组   4—电枢   5—电枢绕组   6—换向器

7—电刷   8—主磁极   9—前端盖   10—后端盖   11—轴

7.1.2   直流电动机基本工作原理

直流电动机的工作原理是利用电磁感应的原理将电能转化为机械能。当直流电动机外加直流电源时，直流电经过换向器变成电枢绕组中的交流电，使电动机电枢绕组在电磁力的作用下旋转起来。

如图 7-2 所示，当外加直流电时，导体 ab 在磁场作用下受力向左，导体 cd 在磁场作用下受力向右，此时产生逆时针方向的电磁转矩，当电枢转过 180° 后，cd 受力向左而 ab 受力向右，此时仍产生逆时针方向的电磁转矩，故电动机可沿逆时针方向进行旋转。总结来说，在直流电动机的外电路施加直流电，通过换向器将直流电变成线圈里的交流电，绕圈在电磁力的作用下进行转动，而为了防止线圈外的电枢受力不均，常采用多线圈。

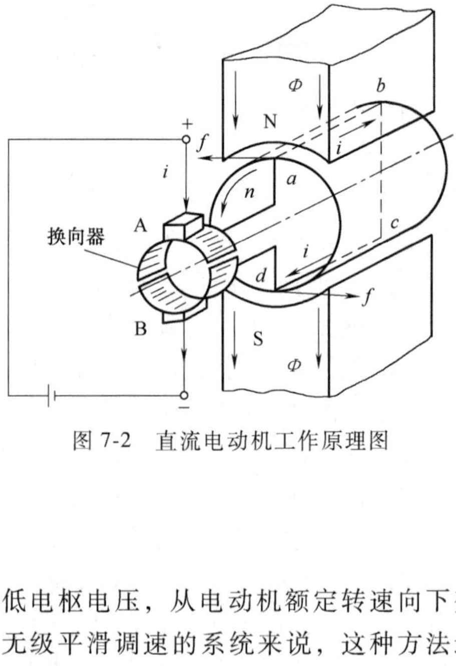

图 7-2   直流电动机工作原理图

7.1.3   直流电动机的调速方法

直流电动机的调速方法主要有以下三种。

1. 改变电枢供电电压

改变电枢供电电压主要是指从额定电压往下降低电枢电压，从电动机额定转速向下变速，属于恒转矩调速方法。对于要求在一定范围内无级平滑调速的系统来说，这种方法最好。直流电动机电枢绕组中电枢电流的时间常数较小，能快速响应，但需要大容量可调直流电源。

2. 改变电动机主磁通

改变电动机主磁通可以实现无级平滑调速，但只能通过减弱磁通进行调速（简称弱磁调速），从电动机额定转速向上调速，属于恒功率调速方法。直流电动机电枢绕组中电枢电流的时间常数相较于其他方法要大很多，响应速度较慢，但所需电源容量小。

3. 改变电枢回路电阻

改变电枢回路电阻是指在电动机电枢回路外串电阻进行调速的方法。其设备简单，操作方便；但是只能进行有级调速，调速平滑性差，机械特性较软；空载时几乎没什么调速作用；还会在调速电阻上消耗大量电能。改变电阻调速的方法缺点很多，目前很少采用，仅在一些起重机、卷扬机及电车等调速性能要求不高或低速运转时间不长的传动系统中采用。

弱磁调速范围不大，往往和调压调速配合使用，在额定转速以上做小范围的升速。因此，自动控制的直流调速系统往往以调压调速为主，必要时把调压调速和弱磁调速两种方法配合起来使用。直流电动机电枢绕组中的电流与定子主磁通相互作用，产生电磁力和电磁转矩，电枢绕组因而转动。直流电动机电磁转矩中的两个可控变量是互相独立的，可以非常方便地分别调节，这种机理使直流电动机具有良好的转矩控制特性，从而有优良的转速调节性能。调节主磁通一般是通过调节励磁电压来实现的，所以，不管是调压调速，还是调磁调速，都需要可调的直流电源。

7.2 步进电动机

7.2.1 反应式步进电动机的工作结构

步进电动机不是具有连续性转矩的电动机，当定子多相绕组按照一定的顺序通电和断电时，其建立磁场的空间位置会按照一定的规律发生变化，转子会在其影响下自动跟随转动。而定子绕组的通电和断电正是由其供电电源的脉冲发射信号控制的，因此步进电动机又称为脉冲电动机。步进电动机主要用于一些有定位要求的场合。

反应式步进电动机的基本结构分为定子和转子两个部分。在定子铁心槽里下线，绕组为星形联结。作为控制绕组定子绕组，由专用电源输入电脉冲信号。步进电动机定子绕组与常用的交流电动机定子绕组的区别在于：普通的交流电动机（如三相异步电动机）定子绕组为三相绕组，配合工频三相对称正弦交流电产生旋转磁场驱动转子运转；而步进电动机的定子绕组可以为更多相数绕组，各绕组按照一定顺序通电工作，即按照相序工作。步进电动机的转子一般由永磁性材料加工而成，转子会因定子各相绕组按照一定顺序通电和断电时气隙磁场的位置变化而转动。

7.2.2 三相反应式步进电动机的工作原理

图 7-3 为一台三相六拍反应式步进电动机的工作原理图，定子上有三对磁极，每对磁极上绕有一相控制绕组，转子有四个分布均匀的齿，齿上没有绕组。当 A 相控制绕组通电，而 B 相和 C 相不通电时，步进电动机的气隙磁场与 A 相绕组轴线重合，而磁力线总是力图从磁阻最小的路径通过，故电动机转子受到一个反应转矩，在步进电动机中称为静转矩。在此转矩的作用下，使转子的齿 1 和齿 3 旋转到与 A 相绕组轴线相同的位置上，如图 7-3a 所示，此时整个磁路的磁阻最小，此时转子只受到径向力的作用而反应转矩为零。如果 B 相通电，A 相和 C 相断电，那转子受反应转矩而转动，使转子齿 2、齿 4 与定子极 B、B'对齐，

如图 7-3b 所示，此时，转子在空间上逆时针转过 30°，即前进了一步，转过的这个角叫作步距角。同样的，如果 C 相通电，A 相、B 相断电，转子又逆时针转动一个步距角，使转子的齿 1 和齿 3 与定子极 C、C′对齐，如图 7-3c 所示。如此按 A-B-C-A 顺序不断地接通和断开控制绕组，电动机便按一定的方向一步一步地转动，若按 A-C-B-A 顺序通电，则电动机反向一步一步转动。

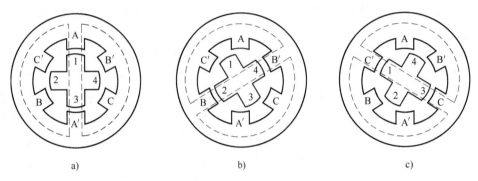

图 7-3　步进电动机的工作原理图

7.2.3　驱动电源

步进电动机的驱动电源与步进电动机是一个相互联系的整体，其性能是由电动机和驱动电源相配合反映出来的，因此步进电动机的驱动电源在步进电动机中占有相当重要的位置。

步进电动机的驱动电源应满足下述要求：驱动电源的相数、通电方式、电压和电流都应满足步进电动机的控制要求；驱动电源要满足起动频率和运行频率的要求，能在较宽的频率范围内实现对步进电动机的控制；能抑制步进电动机的振荡，工作可靠，对工业现场的各种干扰有较强的抑制作用。

步进电动机的驱动电源由脉冲信号源、脉冲分配器和功率放大器三个基本环节组成，如图 7-4 所示。脉冲信号源产生一系列脉冲信号。根据使用要求，脉冲信号源可以是一个频率连续可调的多谐振荡器、单结晶体管振荡器或压控振荡器等受控脉冲源，也可以是恒定频率的晶体振荡器，还可以是计算机或其他数控装置给出的一系列控制脉冲信号源。脉冲分配器根据控制要求按一定的逻辑关系对脉冲信号进行分配，如对三相步进电动机可以按单三拍、双三拍及单、双六拍三种分配方式分配脉冲信号。由于分配方式周而复始地不断重复，因而又把产生脉冲分配的逻辑部件称为环形分配器。脉冲分配器可以由门电路和触发器构成，也可以由专用集成电路或计算机软件编程来实现。功率放大器实际上是功率开关电路，有单电压、双电压、斩波型、调频调压型和细分型等多种形式，可以由晶体管、晶闸管、可关断晶闸管、功率集成器件构成。

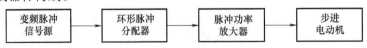

图 7-4　步进电动机的驱动电源

7.3 常用舵机

7.3.1 舵机的组成

舵机也叫伺服电动机,最早用于船舶上实现其转向功能,由于可以通过程序连续控制其转角,因而被广泛应用于智能小车以实现转向以及机器人各类关节运动中(见图7-5)。

如图7-6所示,舵机是小车转向的控制机构,具有体积小、力矩大、外部机械设计简单、稳定性高等特点,无论是硬件设计还是软件设计,舵机设计是小车控制部分的重要组成部分。

图 7-5 舵机用于机器人

图 7-6 舵机用于小车

一般来讲,舵机主要由舵盘、小型直流电动机、减速齿轮组、位置反馈电位计、控制电路板等组成,如图7-7所示。

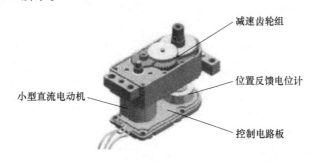

图 7-7 舵机组成示意图

7.3.2 舵机的控制原理

如图7-8所示,舵机的输入线共有三条:一条是电源线、一条是地线、一条是信号线。电源线通常为红色,地线通常为黑色,剩余的一条线为信号线(通常为橘黄色)。

控制电路板接收来自信号线的控制信号,控制电动机转动,电动机带动一系列齿轮组,减速后传动至舵盘。舵机的输出轴和位置反馈电位计是相连的,舵盘转动的同时,带动位置反馈电位计,电位计将输出一个电压信号到控制电路板,进行反馈,然后控制电路板根据所在的位置决定电动机转动的方向和速度,从而实现目标停止。如果转轴角度与控制信号相符，那么电动机就会关闭。如果控制电路发现这个角度不正确，它就会控制电动机转动，直到达到指定的角度。舵机角度根据制造商的不同而有所不同。例如，一个 180°的舵机，它可以在 0°~180°之间运动。由于限位装置被安装在主输出装置上，达到限定位置范围，机械结构就停止转动。

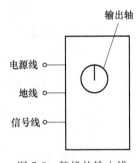

图 7-8　舵机的输入线

舵机的输出功率与它所需要转动的距离成正比。如果输出轴需要转动很长的距离，电动机就会全速运转，如果它只需要短距离转动，电动机就会以较慢的速度运行，这叫作速度比例控制。其工作流程为：控制信号→控制电路板→电动机转动→齿轮组减速→舵盘转动→位置反馈电位计→控制电路板反馈。

舵机的控制信号为周期是 20ms 的脉冲宽度调制信号，其中脉冲宽度为 0.5~2.5ms，相对应的舵盘位置为 0~180°，呈线性变化。也就是说，给舵机提供一定的脉宽，它的输出轴就会保持一定对应角度上，无论外界转矩怎么改变，直到给它提供另外一个宽度的脉冲信号，它才会改变输出角度到新的对应位置上。

舵机内部有一个基准电路，产生周期为 20ms、宽度为 1.5ms 的基准信号，还有一个比较器，将外加信号与基准信号相比较，判断出方向和大小，从而产生电动机的转动信号。由此可见，舵机是一种位置伺服驱动器，转动范围不能超过 180°，适用于那些需要不断变化并可以保持的驱动器中，如机器人的关节、飞机的舵面等。

7.3.3　舵机选购

市面上的舵机有塑料齿、金属齿、小尺寸、标准尺寸、大尺寸，还有薄的标准尺寸，以及低重心的型号。小舵机一般称为微型舵机，扭力都比较小。市面上 2.5g、3.7g、4.4g、7g、9g 等舵机指的是舵机的重量分别是多少克，随着重量的增大，体积和扭力也会逐渐增大。微型舵机内部多数是塑料齿，9g 舵机有金属齿的型号，扭力也比塑料齿要大些。市面上出售的标准舵机，体积差不多，有的是塑料齿，有的是金属齿，两者标称的扭力相差较大。除了体积、外形和扭力的不同选择，舵机的反应速度和虚位也要考虑，舵机常见的标称反应速度为 0.22s/60°、0.18s/60°，好些的舵机有 0.12s/60° 等，数值越小反应就越快。厂商所提供的舵机规格资料，都会包含外形尺寸（mm）、扭力（kg/cm）、速度（s/60°）、测试电压（V）及重量（g）等基本资料。扭力的单位是 kg/cm，意思是在摆臂长度 1cm 处，能吊起几公斤重的物体。这就是力臂的概念，因此摆臂长度越长，扭力越小。速度的单位是 s/60°，意思是舵机转动 60°所需要的时间。电压会直接影响舵机的性能，目前常用的舵机测试电压主要有 4.8V 和 6.0V 两种。速度快、扭力大的舵机，除了价格贵，还会伴随有高耗电的特点。因此在使用高级的舵机时，务必搭配高品质、高容量的电池，能够提供稳定且充裕的电能。

现在市面上的舵机鱼龙混杂，总体来说仿品不如正品，便宜的不如贵的，塑料齿的不如金属齿的，老的不如新的等，选择时不必过于追求极致，根据自身购买力选择够用的即可。

7.3.4　舵机使用中应注意的事项

常用舵机的额定工作电压为 6V，可以使用 LM1117 等芯片提供 6V 的电压，如果为了简化硬件上的设计，直接使用 5V 的电压影响也不会很大，但最好和单片机分开供电，否则会造成单片机无法正常工作。

一般来说，可以将舵机的信号线连接至单片机的任意引脚，对于 51 系列单片机则需通过定时器模块输出 PWM 信号才能进行控制。但是如果连接像飞思卡尔之类的芯片，由于飞思卡尔芯片内部带有 PWM 模块，可以直接输出 PWM 信号，此时就应将信号线连于专用的 PWM 输出引脚上。

本 章 小 结

本章主要讲述了三种常用的执行器件，分别是直流电动机、步进电动机和舵机。直流电动机部分讲述了直流电动机的基本结构、工作原理和调速方法。步进电动机部分主要讲述了反应式步进电动机的工作结构、工作原理和驱动电源。常用舵机部分主要讲述了舵机的基本组成、控制原理和舵机使用过程中需要注意的事项。

通过本章节的学习，希望读者可以掌握直流电动机和步进电动机的调速、舵机转角的控制方法，并能够结合单片机、驱动电路、控制算法等技术对直流电动机和步进电动机的运转速度进行调节，对舵机的转角进行控制等。

第8章 系统仿真及实验平台

单片机又称 Micro Control Unit（MCU），是一种小而完善的微型计算机。它虽然没有计算机那样强大，但是却有着便携、便宜、功耗低等优点，因此也常被用在小型嵌入式设备中。

如今市面上的单片机有着很多种不同的架构。本书主要以 51 架构为核心，讲解基于 51 架构的常见的两种型号 STC89C52 和 STC15F2K60S2 单片机的使用与仿真。

51 架构的单片机应用系统仿真开发平台有两个常用的工具软件：Keil C51 和 Proteus。前者主要用于单片机 C 语言源程序的编辑、编译、链接以及调试；后者主要用于单片机硬件电路原理图的设计以及单片机应用系统的软、硬件联合仿真调试。本章简要介绍 Keil C51、Proteus 在单片机 C 语言开发中的应用技巧，并通过实例详细介绍 Keil C51 与 Proteus 配合使用的方法。

8.1 单片机程序设计开发工具 Keil μVision5

Keil C51 是德国 Keil Software 公司（现已被 ARM 收购）推出的支持 8051 系列单片机架构的一款集成开发环境（Integrated Development，IDE），它不仅支持汇编语言开发，还支持 C/C++等高级语言的编写。其具有丰富的库函数和功能强大的集成开发调试工具，全 Windows 交互界面，方便易上手，可以完成工程建立和管理、编译、链接、目标代码生成、软件仿真调试等完整的开发流程。Keil μVision5 安装的是一个单纯的开发环境，通用于 Keil C51 的开发工具中，本节将介绍 Keil μVision5 的工作界面，工程的创建、设置、调试运行等。

8.1.1 Keil μVision5 的工作界面简介

正确安装后，单击计算机桌面上的 Keil μVision5 运行图标，即可进入 Keil μVision5 的工作界面。与其他常用的窗口软件一样，Keil μVision5 界面设置有菜单栏、可以快速选择命令的按钮工具栏、一些源代码文件窗口、对话窗口、信息显示窗口。Keil μVision5 允许同时打开多个源程序文件。

Keil μVision5 界面提供多种命令执行方式，菜单栏提供 11 种下拉操作菜单，如文件操作、编辑操作、工程操作、程序调试、开发工具选项、窗口选择和操作、在线帮助等；使用工具栏按钮可以快速执行 Keil μVision5 的命令；使用快捷键也可以执行 Keil μVision5 命令（如果需要，可以重新设置快捷键）。

8.1.2 工程的创建

打开 Keil μVision5 的工作界面后,即可录入、编辑、调试、修改单片机 C 语言的应用程序,具体步骤如下:

1)创建一个工程(Project),从设备库中选择目标设备(CPU 类型),设置工程选项。

2)用 C 语言创建源程序。

3)将源程序添加到工程管理器中。

4)编译、链接源程序,并修改源程序中的错误。

5)生成可执行代码。

接下来将一步一步演示操作流程。

1. 建立工程

51 系列单片机种类繁多,不同种类的 CPU 特性不完全相同。在单片机应用项目的开发设计中,必须指定单片机的型号,指定对源程序的编译、链接参数,指定调试方式,指定列表文件的格式等。因此,在 Keil μVision5 界面中,使用工程的方法进行文件管理,即将源程序(C 或汇编语言)、头文件、说明性的技术文档等都放置在一个工程里,只能对工程而不能对单一文件进行编译、链接等操作。

启动 Keil μVision5 后,Keil μVision5 总是打开用户上一次处理的工程,要关闭它可以执行菜单命令 Project→CloseProject(若无,则可以省略)。建立新工程可以通过执行菜单命令 Project→New μVision Project…来实现,如图 8-1 所示。

图 8-1 建立新工程

此时将打开如图 8-2 所示的 Create New Project 对话框。

图 8-2 为新工程创建文件名

此时,需要做的工作如下:

1）为新建的工程取一个名字，如 test，"保存类型"选择默认值。

2）选择新建工程存放的目录。建议为每个工程单独建立一个目录，并将工程中需要的所有文件都存放在这个目录下。

3）在完成上述工作后，单击"保存"按钮返回。

2. 为工程选择目标设备

在工程建立完毕后，Keil μVision5 会立即打开如图 8-3 所示的 Select Device for 'Target 1'... 对话框。列表框中给出了 Keil μVision5 支持的以生产厂家分组的所有型号的 51 系列单片机。这里选择的是 Microchip 公司生产的 AT89C52 单片机。

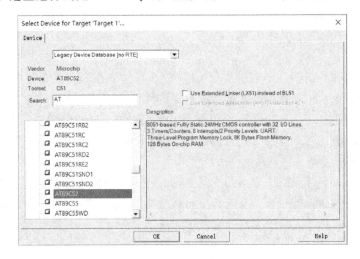

图 8-3　选择目标设备

如果在选择完目标设备后想重新改变目标设备，可以执行菜单命令 Project→Select Device for...，在随后出现的目标设备选择对话框中重新加以选择。由于不同厂家许多型号的单片机性能相同或相近，因此，如果所需的目标设备型号在 μVision5 中找不到，可以选择其他公司生产的相近型号。

3. 建立/编辑 C 语言源程序文件

到此，我们已经建立了一个工程 Target 1，并为工程选择好了目标设备，但是这个工程里没有任何程序文件。程序文件的添加必须人工进行，如果程序文件在添加前还没有创建，则必须先创建它。

（1）建立程序文件

执行菜单命令 File→New，打开名为 Text1 的新文件窗口，如图 8-4 所示。如果多次执行菜单命令 File→New，则会依次出现 Text2、Text3 等多个新文件窗口。现在 Keil μVision5 中有了一个名为 Text1 的文件框架，还需要将其保存起来，并正式命名。

执行菜单命令 File→Save As... （或者按下键盘 Ctrl+S 组合键），打开如图 8-5 所示的对话框。在"文件名"文本框中输入文件的正式名称，如 test.c。

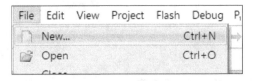

图 8-4　创建新文件

（2）录入、编辑程序文件

上面建立了一个名为 test.c 的空白 C 语言程序文件，但是此时，新建的 .c 文件仍然是一个空文件，里面并没有任何代码，若要让其起作用，还必须写入程序代码。

Keil μVision5 与其他文本编辑器类似，同样具有输入、删除、选择、复制、粘贴等基本的文本编辑功能。

为了以后学习方便，这里给出一个程序范例。可以将其录入到 test.c 文件中，并执行菜单命令 File→Save（或者按 Ctrl+S 组合键）加以保存。利用这种建立程序文件的方法，可以同样建立其他程序文件。

图 8-5　命名并保存新建文件

[**例 8-1**]　电路图如图 8-27 所示，依次点亮接在 P0 口上的 LED，并无限循环。程序实现的功能如下：

```c
#include<reg52.h>
#define uint unsigned int
Void delay(uint z)
{
    uint x,y;
    for(x=z;x>0;x--)
      for(y=110;y>0;y--);
}
Void main()
{
  while(1)
    {
      P0=0xfe;
      delay(1000);
      P0=0xfd;
      delay(1000);
      P0=0xfb;
      delay(1000);
      P0=0xf7;
      delay(1000);
      P0=0xef;
      delay(1000);
      P0=0xdf;
```

```
        delay(1000);
        P0 = 0xbf;
        delay(1000);
        P0 = 0x7f;
        delay(1000);
    }
}
```

4. 为工程添加文件

上述建立的工程 test 和 C 语言源程序文件 test.c，除了存放目录一致外，它们之间还没有建立任何关系。通过以下步骤将源程序文件 test.c 添加到 test 工程中。

（1）提出添加文件要求

在空白工程中，右击 Source Group 1，弹出如图 8-6 所示的快捷菜单。

（2）找到待添加的文件

在图 8-6 所示的快捷菜单中，选择 Add Existing Files to Group 'Source Group 1'...（向当前工程的 Source Group 1 组中添加文件），弹出如图 8-7 所示的对话框。

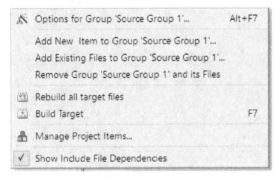

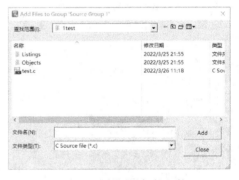

图 8-6　添加工程文件的快捷菜单　　　　图 8-7　选择要添加的文件

（3）添加

在图 8-7 所示的对话框中，Keil μVision5 给出了所有符合添加条件的文件列表。这里只有 test.c 一个文件，选中它，然后单击 Add 按钮（注意，单击一次就可以了），将程序文件 test.c 添加到当前工程的 Source Group 1 组中，如图 8-8 所示。

另外，在 Keil μVision5 中，除了可以向当前工程的组中添加文件外，还可以向当前工程添加组，其方法是在图 8-8 中右击 Target 1，在弹出的快捷菜单中选择 Manage Components 选项，然后按提示操作。

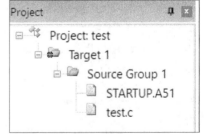

图 8-8　添加文件后的工程

（4）删除已存在的文件或组

如果想删除已经加入的文件或组，可以在对话框中右击该文件或组，在弹出的快捷菜单中选择 Remove File 或 Remove Group 选项，即可将文件或组从工程中删除。值得注意的是，这种删除属于逻辑删除，被删除的文件仍旧保留在磁盘上的原目录下，需要的话，还可以再将其添加到工程中。

8.1.3　工程的设置

在工程建立后，还需要对工程进行设置。工程的设置分为软件设置和硬件设置。硬件设置主要针对仿真器，用于硬件仿真时使用；软件设置主要用于程序的编译、链接及仿真调试。由于本书未涉及硬件仿真器，因此这里将重点介绍工程的软件设置。

在 Keil μVision5 的上方工具栏中，右击工程名 Target 1 框旁的魔术棒 ，如图 8-9 所示。选择菜单上的 Options for Target 'Target1' 选项后，即打开工程设置对话框。一个工程的设置分成 11 个部分，每个部分又包含若干项目，与后续学习相关的部分主要有以下几个：

1）Target：用户最终系统的工作模式设置，决定用户系统的最终框架。

2）Output：工程输出文件的设置，如是否输出最终的 Hex 文件以及格式设置。

3）Listing：列表文件的输出格式设置。

4）C51：有关 C51 编译器的一些设置。

5）Debug：有关仿真调试的一些设置。

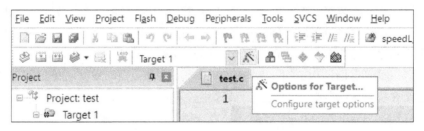

图 8-9　Options for Target 示意图

1. Target 设置

如图 8-10 所示，在 Target 选项卡中，从上到下主要包括以下几个部分。

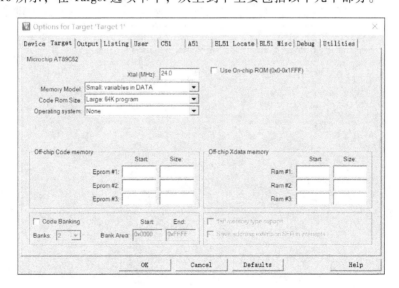

图 8-10　Target 界面示意图

1）已选择的目标设备：在建立工程时选择的目标设备型号，本例为 Microchip AT89C52，在这里不能修改。若要修改，则要切换到 Device 对话框，选择 Select Device for Target 'Target 1' 选项重新选择目标设备型号。

2）晶振频率选择 Xtal（MHz）：晶振频率的选择主要是在软件仿真时起作用，μVision5 将根据用户输入的频率来决定软件仿真时系统运行的时间和时序。可以输入与已选择单片机晶振相同的频率。

3）存储器模式（Memory Model）选择：有 3 种存储器模式可供选择。

① Small：没有指定存储区域的变量默认存放在 data 区域内。

② Compact：没有指定存储区域的变量默认存放在 pdata 区域内。

③ Large：没有指定存储区域的变量默认存放在 xdata 区域内。

4）程序空间（Code Rom Size）的选择：选择用户程序空间的大小，一般选最大，也可以根据具体情况选择。

5）操作系统（Operating system）选择：是否选用操作系统，通常 51 系列单片机性能并不出色，因此并不需要操作系统加持。

6）外部程序空间地址（Off-chip Code memory）定义：如果用户使用了外部程序空间，但在物理空间上又不是连续的，则需进行该项设置。该选项共有 3 组起始地址和结束地址的输入，Keil μVision5 在链接定位时将把程序代码安排在有效的程序空间内。该选项一般只用于外部扩展的程序，因为单片机内部的程序空间多数都是连续的。

7）外部数据空间地址（Off-chip Xdata memory）定义：用于单片机外部非连续数据空间的定义，设置方法与 6）类似。

8）程序分段（Code Banking）选择：是否选用程序分段，该功能一般用户不会用到。

2. Output 设置

在选项设置对话框中，选择 Output 选项卡，如图 8-11 所示。该选项卡中常用的设置主要有以下几项，其他选项可保持默认设置。

1）选择输出文件存放的目录（Select Folder for Objects...）：一般选用默认目录，即当

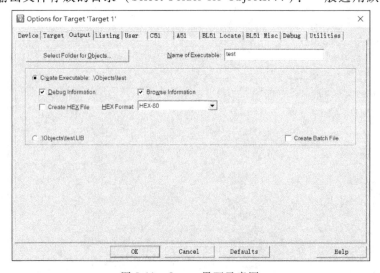

图 8-11　Output 界面示意图

前工程所在的目录的 output 文件夹。

2）输入目标文件的名称（Name of Executable）：默认为当前工程的名称。如果需要，可以修改。

3）选择生成可执行代码文件（Create HEX File）：该复选框必须选中。可执行代码文件是最终写入单片机的运行文件，格式为 Intel HEX，扩展名为 .hex。值得注意的是，默认情况下该复选框未被选中。

3. Listing 设置

在源程序编译完成后将产生 ∗.lst 列表文件，在链接完成后将产生 ∗.m51 列表文件。Listing 界面（见图 8-12）主要用于调整编译、链接后生成的列表文件的内容和形式，其中比较常用的选项是 C Compiler Listing 选项区中的 Assembly Code 复选项。选中该复选项可以在列表文件中生成 C 语言源程序所对应的汇编代码。若不需要汇编源代码，则可以不选。其他选项可保持默认设置。

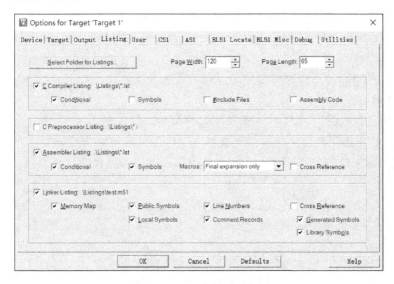

图 8-12　Listing 界面示意图

4. C51 设置

C51 界面示意如图 8-13 所示，其设置主要有以下三项：

（1）代码优化等级（Code Optimization|Level）

C51 在处理用户的 C 语言程序时能自动对源程序做出优化，以便减少编译后的代码量或提高运行速度。C51 编译器提供了 0~9 共 10 种选择，默认使用第 8 种。

（2）优化侧重（Code Optimization|Emphasis）

用户优化的侧重有以下 3 种选择：

1）Favor speed：优化时侧重优化速度。

2）Favor size：优化时侧重优化代码大小。

3）Default：不规定，使用默认优化。

（3）头文件（Include Paths）

添加默认头文件搜索路径，若编写 C 语言文件中包含有除了 C51 默认库和头文件以外

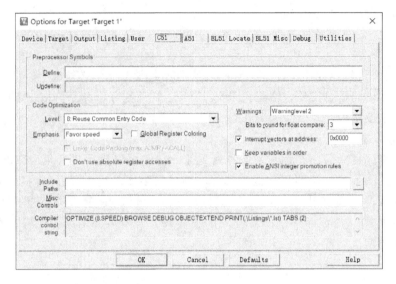

图 8-13　C51 界面示意图

的其他头文件，则可以使用该项添加所需要包含的头文件路径。

5. Debug 设置

Debug 设置示意如图 8-14 所示，界面分成两部分：软件仿真设置（左边）和硬件仿真设置（右边）。软件仿真和硬件仿真的设置基本一样，只是硬件仿真设置增加了仿真器参数设置。在此只需选中软件仿真 Use Simulator 单选项，其他选项保持默认设置。

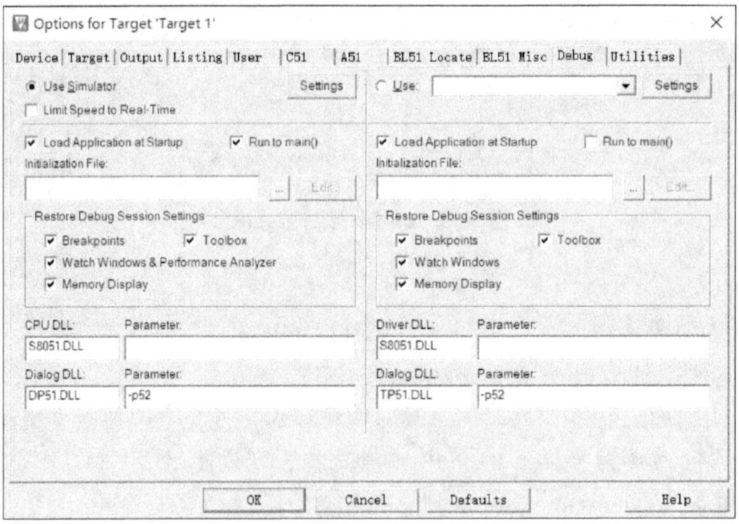

图 8-14　Debug 界面示意图

硬件仿真是利用一些特殊的调试器，实现现实中单片机逐步运行代码的效果。

所谓软件仿真，是指使用计算机来模拟程序的运行，用户不需要建立硬件平台，就可以快速地得到某些运行结果。但是在仿真某些依赖于硬件的程序时，软件仿真则无法实现，为此将在 8.2 节介绍单片机硬件仿真开发工具 Proteus 8。

8.1.4 工程的调试运行

在 Keil μVision5 IDE 中，源程序编写完成后还需要编译和链接才能进行软件和硬件仿真。在程序的编译/链接中，如果用户程序出现错误，则需要修正错误后再重新编译/链接。

1. 程序的编译/链接

在图 8-15 中执行菜单命令 Project→Rebuild all target files，或者单击工具栏的 ⊞⊞ 工具（两个功能相似），即可完成对 C 语言源程序的编译/链接，并在图 8-15 下方的信息输出窗口（Build Output）中给出操作信息。如果源程序和工程设置都没有错误，则编译/链接顺利完成。

图 8-15 编译/链接

2. 程序的排错

如果源程序有错误，C51 编译器会在信息输出窗口（Build Output）中给出错误所在的行、错误代码以及错误的原因。例如，将数码管.c 中第 13 行的 P0 改成 p0，再重新编译/链接，结果如图 8-16 所示。

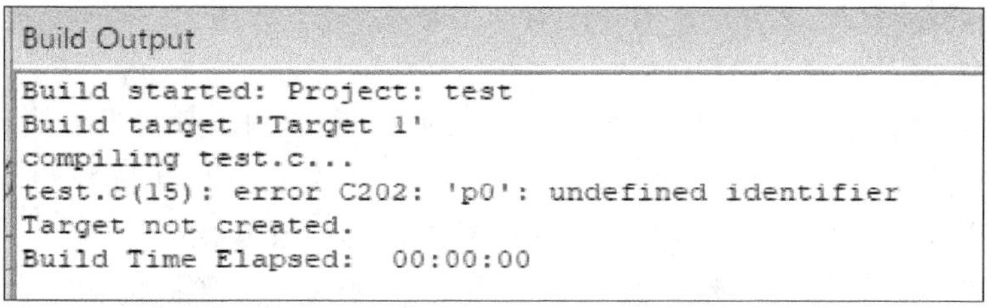

```
Build Output

Build started: Project: test
Build target 'Target 1'
compiling test.c...
test.c(15): error C202: 'p0': undefined identifier
Target not created.
Build Time Elapsed:  00:00:00
```

图 8-16 程序有错误时编译/链接的结果

输出信息显示在文件 test.c 的第 15 行，出现 C202 类型的错误：p0 没有定义。Keil μVision5 中有错误定位功能，在信息输出窗口用鼠标双击错误提示行，test.c 文件中的错误所在行的左侧会出现一个箭头标记，以便于用户排错。

经过排错后，要对源程序重新进行编译/链接，直到编译/链接成功为止。

3. 运行程序

编译/链接成功后，单击"启动/停止调试模式"工具按钮，便进入软件仿真调试运行模式，如图 8-17 所示。图中工具栏包含调试工具条 ⬜ ▾（Debug Toolbar），下部为范例程序 test.c，箭头 ⇨ 为汇编程序运行位置光标，三角形箭头 ▷ 为当前 C 语言运行位置，指向当前等待运行程序行。

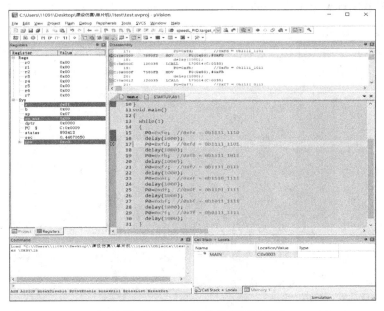

图 8-17　源程序的软件仿真调试运行

在 Keil μVision5 中，有 4 种程序运行方式（运行方式）：单步跟踪（Step Into），单步运行（Step Over），运行到光标处（Run to Cursor line），全速运行（Go）。

（1）单步跟踪

单步跟踪的功能是尽最大的可能跟踪当前程序的最小运行单位，可以使用 F11 快捷键来启动。在 C 语言调试环境下最小的运行单位是一条 C 语句，因此单步跟踪每次最少要运行一个 C 语句。在图 8-17 所示的状态下，每按一次 F11 快捷键，箭头就会向下移动一行，包括被调用函数内部的程序行。

（2）单步运行

单步运行的功能是尽最大的可能执行完当前的程序行，可以使用 F10 快捷键来启动。与单步跟踪相同的是单步运行每次至少也要运行一个 C 语句；与单步跟踪不同的是单步运行不会跟踪到被调用函数的内部，而是把被调用函数作为一条 C 语句来执行。在图 8-17 所示的状态下，每按一次 F10 快捷键，箭头就会向下移动一行，但不包括被调用函数内部的程序行。

（3）运行到光标处

在图 8-17 所示的状态下，程序指针指在程序行

$$P0 = 0xfe;//①$$

如果希望程序一次运行到程序行

$$P0 = 0xf7 ; // ②$$

则可以单击程序行，当闪烁光标停留在该行后，右击该行，弹出如图 8-18 所示的快捷菜单，选择 Run to Cursor line 选项。运行停止后，发现程序运行光标已经停留在程序行②的左侧。

（4）全速运行

在软件仿真调试运行模式下，有 3 种方法可以启动全速运行：

1）按 F5 快捷键。

2）单击图标  。

3）执行菜单命令 Debug→Go。

当 Keil μVision5 处于全速运行期间，Keil μVision5 不允许查看任何资源，也不接受其他命令。如果用户想终止程序的运行，可以应用以下两种方法：

1）执行菜单命令 Debug→Stop Running。

2）单击 图标。

4. 程序复位

在 C 语言源程序仿真调试运行期间，如果想重新从头开始运行，则可以对源程序进行复位。程序的复位主要有以下两种方法：

图 8-18　快捷菜单

1）单击 图标。

2）执行菜单命令 Peripherals→ResetCPU。

5. 断点操作

当需要程序全速运行到某个程序位置停止时，可以使用断点。断点操作与运行到光标处的作用类似，其区别是断点可以设置多个，而光标只有一个。

（1）断点的设置/取消

在 Keil μVision5 的 C 语言源程序窗口中，可以在任何有效位置设置断点，断点的设置/取消操作也非常简单。如果想在某一行设置断点，双击该行，即可设置圆点的断点标志。取消断点的操作与设置相同，如果该行已经设置为断点行，双击该行将取消断点。断点示意如图 8-19 所示。

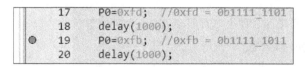

图 8-19　断点示意图

（2）断点的管理

如果设置了很多断点，就可能存在断点管理的问题。例如，通过逐个取消全部断点来使程序全速运行将是非常烦琐的事情。为此，Keil μVision5 提供了断点管理器。执行菜单命令 Debug→Breakpoints，单击 Kill All（取消所有断点）按钮可以一次取消所有已经设置的断点。

6. 退出软件仿真模式

如果想退出 μVision5 的软件仿真环境，可以使用下列方法：

1）单击 🔍 图标。

2）执行菜单命令 Debug→Start/Stop Debug Session。

8.1.5 存储空间资源的查看和修改

在 μVision5 的软件仿真环境中，标准 80C51 的所有有效存储空间资源都可以查看和修改。μVision5 把存储空间资源分成以下 4 种类型加以管理。

1. 内部可直接寻址 RAM（类型 data，简称 d）

在标准 80C51 中，可直接寻址的空间为 0x00~0x7F 范围内的 RAM 和 0x80~0xFF 范围内的 SFR（特殊功能寄存器）。在 Keil μVision5 中把它们组合成空间连续的可直接寻址的 data 空间。data 存储空间可以使用存储器对话框（Memory）进行查看和修改。

2. 内部可间接寻址 RAM（类型 idata，简称 i）

在标准 80C51 中，可间接寻址的空间为 0x00~0xFF 范围内的 RAM。其中，地址范围为 0x00~0x7F 的 RAM 和地址范围为 0x80~0xFF 的 SFR 既可以间接寻址，也可以直接寻址；地址范围为 0x80~0xFF 的 RAM 只能间接寻址。在 Keil μVision5 中把它们组合成空间连续的可间接寻址的 idata 空间。

使用存储器对话框同样可以查看和修改 idata 存储空间，操作方法与 data 空间完全相同，只是在"存储器地址输入栏 Address"输入的存储空间类型要变为"i"。例如，要显示、修改起始地址为 0x76 的 idata 数据，只需在"存储器地址输入栏 Address"内输入"i：0x76"。

3. 外部数据空间 XRAM（类型 xdata，简称 x）

在标准 80C51 中，外部可间接寻址 64KB 地址范围的数据存储器，在 Keil μVision5 中把它们组合成空间连续的可间接寻址的 xdata 空间。使用存储器对话框查看和修改 xdata 存储空间的操作方法与 idata 空间完全相同，只是在"存储器地址输入栏 Address"内输入的存储空间类型要变为"x"。

4. 程序空间 code（类型 code，简称 c）

在标准 80C51 中，程序空间有 64KB 的地址范围。程序存储器的数据按用途可分为程序代码（用于程序执行）和程序数据（程序使用的固定参数）。使用存储器对话框查看和修改 code 存储空间的操作方法与 idata 空间完全相同，只是在"存储器地址输入栏 Address"内输入的存储空间类型要变为"c"。

8.1.6 变量的查看和修改

在图 8-17 所示的状态下，执行菜单命令 View→Watch & Call Stack Windows 可以打开"观察"对话框，如图 8-20 所示。其中，Name 栏用于输入变量的名称，Value 栏用于显示变量的数值，输入所要查看的变量，即可显示程序中运行变量的数据类型和数据大小。

在"观察"对话框底部有 4 个标签，其作用如下所述。

1）观察内存对话框（Memory 1），根据输入地址观察对应地址内数据。

2）变量观察对话框（Watch 1、Watch 2），可以根据分类把变量添加 Watch 1、Watch 2"观察"对话框中。

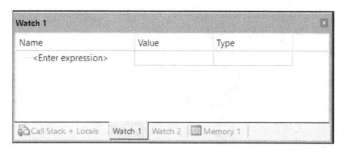

图 8-20 "观察"对话框

3）堆栈观察对话框（Call Stack+Locals），显示当前函数的局部变量及其值。

1. 变量名称的输入

单击准备添加行（选择该行）的 Name 栏，然后按 F2 键，出现文本输入栏后输入变量的名称，确认正确后按 Enter 键。输入的变量名称必须是文件中已经定义的。

2. 变量数值的显示

在 Value 栏，除了显示变量的数值外，用户还可以修改变量的数值，方法是：单击该行的 Value 栏，然后按 F2 键，出现文本输入栏后输入修改的数据，确认正确后按 Enter 键。

8.2 单片机电路设计与仿真工具 Proteus 8

Proteus 是英国 Lab Center Electronics 公司推出的用于仿真单片机及其外围设备的 EDA 工具软件。Proteus 与 Keil C51 配合使用，可以在不需要硬件投入的情况下，完成单片机 C 语言应用系统的仿真开发，从而缩短实际系统的研发周期，降低开发成本。

Proteus 具有高级原理布图、混合模式仿真（PROSPICE）、PCB 设计以及自动布线（ARES）等功能。Proteus 的虚拟仿真技术（VSM）第一次真正实现了在物理原型出来之前对单片机应用系统的设计开发和测试。

下面以 Proteus 8 Professional 为例，简要介绍 Proteus 8 的使用方法。

8.2.1 Proteus 8 的用户界面

启动 Proteus 8 后，可以看到 Proteus 8 用户界面，如图 8-21 所示。与其他常用的窗口软件一样，Proteus 8 设置有菜单栏、可以快速执行命令的按钮工具栏和各种各样的窗口（如原理图编辑窗口、原理图预览窗口、对象选择窗口等）。

选择菜单栏 File→New project 可以创建一个新项目，新工程项目工作界面如图 8-22 所示。

1. 主菜单与主工具栏

在新建项目工程界面，Proteus 8 提供的主菜单与主工具栏如图 8-23 所示。在图 8-23 所示的主菜单中，从左到右依次是 File（文件）、View（视图）、Edit（编辑）、Tools（工具）、Design（设计）、Graph（图形）、Source（来源）、Debug（调试）、Library（库）、Template（模板）、System（系统）和 Help（帮助）。

利用主菜单中的命令可以完成 Proteus 的所有功能。图 8-23 所示的主工具栏由 4 个部分组成：File Toolbar（文件工具栏）、View Toolbar（视图工具栏）、Edit Toolbar（编辑工具栏）

和 Design Toolbar（设计工具栏）。通过执行菜单命令 View→Toolbars…可以打开或关闭上述 4 个主工具栏。

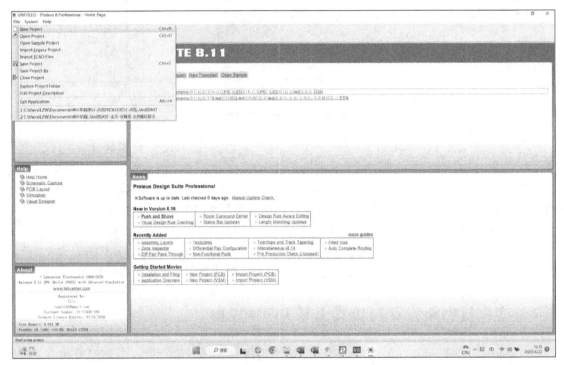

图 8-21　Proteus 8 用户界面

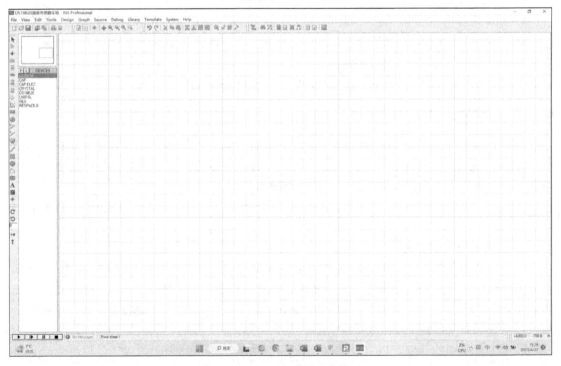

图 8-22　Proteus 8 项目工作界面

2. Mode 工具箱

除了主菜单和主工具栏外，Proteus 8 在项目工作界面的左侧还提供了一个非常实用的 Mode 工具箱，如图 8-23 所示。正确、熟练地使用它们，对单片机应用系统电路原理图的绘制及仿真调试均非常重要。

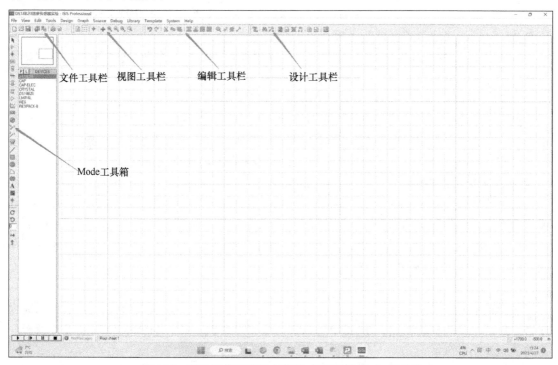

图 8-23 项目工作界面的主菜单-主工具栏-Mode 工具箱

3. 方向工具栏

对于具有方向性的对象，Proteus 8 还提供了方向工具栏。如图 8-24 所示，方向工具栏中各图标按钮对应的操作分别为：向右旋转，向左旋转，左右平移，上下平移。

4. 仿真运行工具栏

为方便用户对设计对象进行仿真运行，Proteus 8 还提供了如图 8-25 所示的运行工具栏，从左到右分别是：Play 按钮（运行），Step 按钮（单步运行），Pause 按钮（暂停运行），Stop 按钮（停止运行）。

图 8-24 方向工具栏

图 8-25 运行工具栏

8.2.2 设置 Proteus 8 工作环境

Proteus 8 的工作环境设置包括编辑环境设置和系统环境设置两个方面。编辑环境设置主要是指模板的选择、图纸的选择、图纸的设置和格点的设置。系统环境设置主要是指 BOM（Bill of Materials）格式的选择、仿真运行环境的选择、各种文件路径的选择、键盘快捷方式的设置等。

1. 编辑环境设置

绘制电路原理图首先要选择模板，电路原理图的外观信息受模板的控制，如图形格式、文本格式、设计颜色、线条连接点大小和图形等。Proteus 8 提供了一些常用的原理图模板，用户也可以自定义原理图模板。

当执行菜单命令 File→New Design... 新建一个设计文件时，会打开对话框，从中可以选择合适的模板（通常选择默认模板）。

选择好原理图模板后，可以通过 Template（模板）菜单的 6 个 Set（设置）命令对其风格进行修改设置。

（1）设置模板的默认选项

执行菜单命令 Template→Set Design Defaults...，打开对话框。通过该对话框，可以设置模板的纸张、格点等项目的颜色，设置电路仿真时正、负、地、逻辑高/低等项目的颜色，设置隐藏对象的显示与否以及颜色，还可以设置编辑环境的默认字体等。

（2）配置图形颜色

执行菜单命令 Template→Set Graph Colours...，打开对话框。通过该对话框，可以配置模板的图形轮廓线（Graph Outline）、底色（Background）、图形标题（GraphTitle）、图形文本（Graph Text）等；同时也可以对模拟跟踪曲线（Analogue Traces）和不同类型的数字跟踪曲线（Digital Traces）进行设置。

（3）编辑图形风格

执行菜单命令 Template→Set Graphics Styles...，打开对话框。通过该对话框，可以编辑图形的风格，如线型、线宽、线的颜色及图形的填充色等。在 Style 下拉列表框中可以选择不同的系统图形风格。

单击 New 按钮，将打开对话框。在 New style's name 文本框中输入新图形风格的名称，如 mystyle，单击 OK 按钮确定，将打开新的对话框。在该对话框中，可以自定义图形的风格，如颜色、线型等。

（4）设置全局字体风格

执行菜单命令 Template→Set Text Styles...，打开对话框。通过该对话框，可以在 Font face 下拉列表框中选择期望的字体，还可以设置字体的高度、颜色以及是否加粗、倾斜、加下画线等。在 Sample 区域可以预览更改设置后字体的风格。同理，单击 New 按钮可以创建新的图形文本风格。

（5）设置图形字体格式

执行菜单命令 Template→Set Graphics Text...，打开对话框。通过该对话框，可以在 Font face 列表框中选择图形文本的字体类型，在 Text Justification 选项区域可以选择字体在文本框中的水平位置、垂直位置，在 Effects 选项区域可以选择字体的效果，如加粗、倾斜、加下画线等，而在 Character Sizes 选项区域可以设置字体的高度和宽度。

（6）设置交点

执行菜单命令 Template→Set Junction Dots...，打开对话框。通过该对话框，可以设置交点的大小、形状。

2. 系统环境设置

通过 Proteus 8 的 System 菜单栏，可以对 Proteus 8 进行系统环境设置。

（1）设置 BOM

执行菜单命令 System→Set BOM Scripts...，打开对话框。通过该对话框，可以设置 BOM 的输出格式。

BOM 用于列出当前设计中所使用的所有元器件。Proteus ISIS（Proteus 的编辑界面）可生成 4 种格式的 BOM：HTML 格式、ASCII 格式、Compact CSV 格式和 Full CSV 格式。在 Bill Of Materials Output Format 下拉列表框中，可以对它们进行选择。

另外，执行菜单命令 Tools→Bill of Materials，也可以对 BOM 的输出格式进行快速选择。

（2）设置系统环境

执行菜单命令 System→Set Environment...，打开对话框。通过该对话框，可以对系统环境进行设置。

1）Autosave Time（minutes）：系统自动保存时间设置（min）。

2）Number of Undo LeVels：可撤销操作的层数设置。

3）Tooltip Delay（milliseconds）：工具提示延时（ms）。

4）Auto Synchronise/Save with ARES：是否自动同步/保存 ARES。

5）Save/load ISIS state In design files：是否在设计文档中加载/保存 ISIS 状态。

（3）设置路径

执行菜单命令 System→Set Path...，打开对话框。通过该对话框，可以对所涉及的文件路径进行设置。

1）Initial folder is taken from Windows：从窗口中选择初始文件夹。

2）Initial folder is always the same one that was used last：初始文件夹为最后一次所使用过的文件夹。

3）Initial folder is always the following：初始文件夹路径为下面文本框中输入的路径。

4）Template folders：模板文件夹路径。

5）Library folders：库文件夹路径。

6）Simulation Model and Module Folders：仿真模型及模块文件夹路径。

7）Path to folder for simulation results：存放仿真结果的文件夹路径。

8）Limit maximum disk space used for simulation result（Kilobytes）：仿真结果占用的最大磁盘空间（KB）。

（4）设置图纸尺寸

执行菜单命令 System→Set Sheet Sizes...，打开对话框。通过该对话框，可以选择 Proteus ISIS 提供的图纸尺寸 A4~A0，也可以选择 User 自己定义图纸的大小。

（5）设置文本编辑器

执行菜单命令 System→Set Text Editor...，打开对话框。通过该对话框，可以对文本的字体、字形、大小、效果和颜色等进行设置。

（6）设置键盘快捷方式

执行菜单命令 System→Set Keyboard Mapping...，打开对话框。通过该对话框，可以修改系统所定义的菜单命令的快捷方式。

在 Command Groups 下拉列表框中选择相应的选项，在 Available Commands 列表框中选择可用的命令，在该列表框下方的说明栏中显示所选中命令的意义，在 Key sequence forselected command 文本框中显示所选中命令的键盘快捷方式。使用 Assign 和 Unassign 按钮可编辑或删除系统设置的快捷方式。

在 Options 下拉列表框中有 3 个选项。选择 Reset to default map 选项，即可恢复系统的默认设置，选择 Export to file 选项可将上述键盘快捷方式导出到文件中，选择 Import from file 选项则为从文件导入。

（7）设置仿真画面

执行菜单命令 System→Set Animation Options...，打开对话框。通过该对话框，可以设置仿真速度（Simulation Speed）、电压/电流的范围（Voltage/Current Ranges），同时还可以设置仿真电路的其他画面选项（Animation Options），如：

1）Show Voltage&Current on Probe：是否在探测点显示电压值与电流值。

2）Show Logic State of Pins：是否显示引脚的逻辑状态。

3）Show Wire Voltage by Colour：是否用不同颜色表示线的电压。

4）Show Wire Current with Arrows：是否用箭头表示线的电流方向。

此外，单击 SPICE Options 按钮或执行菜单命令 System→Set Simulator Options...，打开对话框。通过该对话框，还可以选择不同的选项卡来进一步对仿真电路进行设置。

8.2.3　电路原理图的设计与编辑

在 Proteus 8 中，电路原理图的设计与编辑非常方便，具体流程如图 8-26 所示。本节将通过一个实例介绍电路原理图的绘制、编辑、布线等的基本方法，更深层或更复杂的方法，读者可以参阅有关的专业书籍。

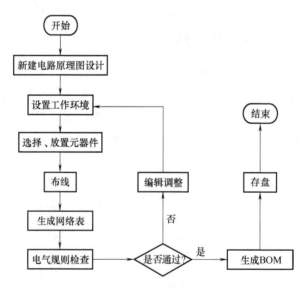

图 8-26　设计与编辑电路原理图的流程

1. 新建设计文件

执行菜单命令 File→New Design...，在打开的 Create New Design 对话框中选择 DE-FAULT 模板，单击 OK 按钮后，即进入 ISIS 用户界面。此时，对象选择窗口、原理图编辑窗口、原理图预览窗口均是空白的。单击主工具栏中的"保存"按钮，在打开的 Save ISIS

Design File 对话框中，可以选择新建设计文件的保存目录，输入新建设计文件的名称，如 MyDesign，保存类型采用默认值。完成上述工作后，单击"保存"按钮，就可以开始电路原理图的绘制工作了。

2. 对象的选择与放置

用 Proteus 8 绘制如图 8-27 所示的电路原理图。该电路选用单片机型号为 AT89C52，其 P0 口控制 8 个 LED（发光二极管）循环发光。该电路原理图的对象按属性不同可分为两大类：元器件（Component）和终端（Terminals）。下面简要介绍这两类对象的选择和放置方法。

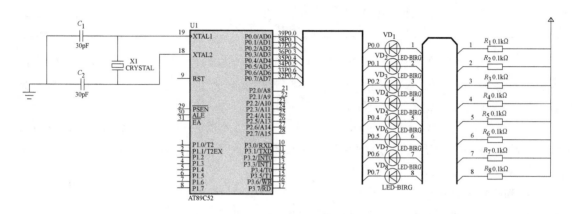

图 8-27 电路原理图

（1）元器件的选择与放置

Proteus 8 的元器件库提供了大量元器件的原理图符号，在绘制原理图之前，必须知道每个元器件的所属类及所属子类，然后利用 Proteus 8 提供的搜索功能可以方便地查找到所需元器件。在 Proteus 8 中元器件的所属类共有 40 多种，表 8-1 给出了本书涉及的部分元器件的所属类对照表。

表 8-1 部分元器件的所属类对照表

所属类名称	对应的中文名称	说 明
Analog Ics	模拟电路集成芯片	电源调节器、定时器、运算放大器等
Capacitors	电容器	
CMOS 4000 series	4000 系列数字电路	
Connectors	电缆连接器	
Data Converters	模/数、数/模转换集成电路	
Diodes	二极管	
Electromechanical	机电器件	风扇、各类电动机等
Inductors	电感器	
Memory ICs	存储器	
Microprocessor ICs	微控制器	51 系列单片机、ARM7 等
Miscellaneous	各种器件	电池、晶振、熔体等

（续）

所属类名称	对应的中文名称	说　　明
Optoelectronics	光电器件	LED、LCD、数码管、光电耦合器等
Resistors	电阻	
Speakers & Sounders	扬声器	
Switches & Relays	开关与继电器	键盘、开关、继电器等
Switching Devices	晶闸管	单向、双向可控硅元件等
Transducers	传感器	压力传感器、温度传感器等
Transistors	晶体管	三极管、场效应晶体管等
TTL 74 series	74 系列数字电路	
TTL 74LS series	74 系列低功耗数字电路	

单击对象选择窗口左上角的按钮 P 或执行菜单命令 Library→Pick Device/Symbol...，都会打开 Pick Devices 对话框。从结构上看，该对话框共分成 3 列，左侧为查找条件，中间为查找结果，右侧为原理图、PCB 图预览，具体如下：

1）Keywords 文本输入框：在此可以输入待查找的元器件的全称或关键字，其下面的 Match Whole Words 选项表示是否全字匹配。在不知道待查找元器件的所属类时，可以采用此法进行搜索。

2）Category 窗口：在此给出了 Proteus ISIS 中元器件的所属类。

3）Sub-category 窗口：在此给出了 Proteus ISIS 中元器件的所属子类。

4）Manufacturer 窗口：在此给出了元器件的生产厂家分类。

5）Results 窗口：在此给出了符合要求的元器件的名称、所属库以及描述。

6）PCB Preview 窗口：在此给出了所选元器件的电路原理图预览、PCB 预览及其封装类型。

（2）终端的选择与放置

单击 Mode 工具箱中的终端按钮 🔀，Proteus 8 会在对象选择窗口中给出所有可供选择的终端类型。其中，DEFAULT 为默认终端，INPUT 为输入终端，OUTPU 为输出终端，BIDIR 为双向（或输入/输出）终端，POWER 为电源终端，GROUND 为地终端，BUS 为总线终端。

终端的预览、放置方法与元器件类似。Mode 工具箱中其他按钮的操作方法又与终端按钮类似，在此不再赘述。

3. 对象的编辑

在放置好绘制原理图所需的所有对象后，可以编辑对象的图形或文本属性。下面以 LED 元器件 VD1 为例，简要介绍对象的编辑步骤。

（1）选中对象

将鼠标指向对象 VD1，鼠标指针由空心箭头变成手形后，单击即可选中对象 VD1。此时，对象 VD1 高亮显示，鼠标指针为带有十字箭头的手形。

（2）移动、编辑、删除对象

选中对象 VD1 后，右击鼠标，弹出快捷菜单。通过该快捷菜单可以移动、编辑、删除对象 VD1。

1）Drag Object：移动对象。选择该选项后，对象 VD1 会随着鼠标一起移动，确定位置后，单击即可停止移动。

2）Edit Properties：编辑对象。选择该选项后，打开 Edit Component 对话框。在选中对象 VD1 后，单击也会弹出现这个对话框。

① Component Reference 文本框：显示默认的元器件在原理图中的参考标识，该标识是可以修改的。

② Component Value 文本框：显示默认的元器件在原理图中的参考值，该值是可以修改的。

③ Hidden 选择框：是否在原理图中显示对象的参考标识、参考值。

④ Other Properties 文本框：用于输入所选对象的其他属性。输入的内容将在<TEXT>位置显示。

3）Delete Object：删除对象。

在快捷菜单中，还可以改变对象 VD1 的放置方向。其中，Rotate Clockwise 表示顺时针旋转 90°；Rotate Anti-Clockwise 表示逆时针旋转 90°；Rotate 180 degrees 表示旋转 180°；X-Mirror 表示 X 轴镜像；Y-Mirror 表示 Y 轴镜像。

4. 布线

完成上述步骤后，就可以在对象之间开始布线了。按照连接的方式不同，布线可以分为 3 种：两个对象之间的普通连接，使用输入、输出终端的无线连接，多个对象之间的总线连接。

（1）普通连接

在两个对象之间进行连线的步骤如下：

1）在第一个对象的连接点处单击。

2）拖动鼠标到另一个对象的连接点处单击。在拖动鼠标的过程中，可以在希望拐弯的地方单击，也可以右击放弃此次画线。

按照上述步骤，分别将 C_1、C_2、X1 及 GROUND 连接后，复位线连接到单片机复位引脚，如图 8-28 左半部分所示。

（2）无线连接

在绘制电路原理图时，为了整体布局的合理、简洁，可以使用输入、输出终端进行无线连接，如时钟电路与 AT89C52 之间的连接。无线连接的步骤如下：

1）在第一个连接点处连接一个输入终端。

2）在另一个连接点处连接一个输出终端。

3）利用对象的编辑方法对上面两个终端进行标识，两个终端的标识（Label）必须一致。

按照上述步骤，将 X1 的两端分别与 AT89C52 的 XTAL1、XTAL2 引脚连接后的电路如图 8-28 所示。

（3）总线连接

总线连接的步骤如下：

1）放置总线。单击 Mode 工具箱中的 Bus 按钮 ，在期望总线起始端（一条已存在的总线或空白处）出现的位置单击；在期望总线路径的拐点处单击；若总线的终点为一条已

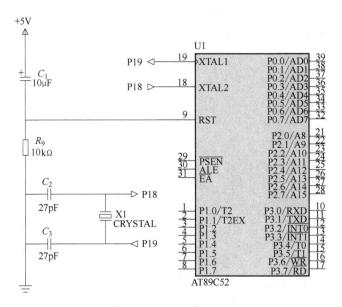

图 8-28　最小系统电路原理图

存在的总线，则在总线的终点处右击，可结束总线放置；若总线的终点为空白处，则先单击，后右击结束总线的放置。

2）放置或编辑总线标签。单击 Mode 工具箱中的 Wire Label 按钮，在期望放置标签的位置处单击，打开 Edit Wire Label 对话框。在 Label 选项卡的 String 文本框中输入相应的文本，如 P1［0..7］或 A［8..15］等。如果忽略指定范围，系统将以 0 为底数，将连接到其总线的范围设置为默认范围。单击 OK 按钮，结束文本的输入。

在总线标签上右击，在弹出快捷菜单中可以选择移动线或总线（DragWire），可以编辑线或总线的风格（Edit Wire Style），可以删除线或总线（Delete Wire），也可以放置线或总线标签（Place Wire Label）。

3）单线与总线的连接。由对象连接点引出的单线与总线的连接方法与普通连接类似。在建立连接之后，必须对进出总线的同一信号的单线进行同名标注，以保证信号连接的有效性。

单击 Mode 工具箱中的 Text Script 按钮 ▦，在希望放置文字描述的位置处单击，打开 Edit Script Block 对话框。在 Script 选项卡的 Text 文本框中可以输入相应的描述文字，如时钟电路等。描述文字的放置方位可以采用默认值，也可以通过对话框中的 Rotation 选项和 Justification 选项进行调整。

通过 Style 选项卡，还可以对文字描述的风格做进一步的设置。

8.2.4　电气规则检查

电路原理图绘制完毕后，必须进行电气规则检查（ERC）。执行菜单命令 Tools→Electrical Rule Check...，打开电气规则检查报告单窗口。在该报告单中，系统提示网络表（Netlist）是否生成，并且有无 ERC 错误，即用户是否可以执行下一步操作。

所谓网络表，是对一个设计中有电气性连接的对象引脚的描述。在 Proteus ISIS 中，彼此互连的一组元件引脚称为一个网络（Net）。执行菜单命令 Tools→Netlist Compiler...，可以设置网络表的输出形式、模式、范围、深度及格式等。

如果电路设计存在 ERC 错误，必须排除，否则不能进行仿真。

最后，将设计好的原理图文件存盘。同时，可以使用 Tools→Bill of Materials 菜单命令输出 BOM 文档。至此，一个简单的原理图就设计完成了。

8.3 Proteus 8 与 Keil C51 的联合使用

Proteus 8 与 Keil C51 的联合使用可以实现单片机应用系统的软、硬件调试，其中 Keil C51 作为软件调试工具，Proteus 8 作为硬件仿真和调试工具。下面介绍如何在 Proteus 8 中调用 Keil C51 生成的应用（HEX 文件）进行单片机应用系统的仿真调试。

8.3.1 准备工作

首先，在 Keil C51 中完成 C51 应用程序的编译、链接，并生成单片机可执行的 HEX 文件；然后，在 Proteus 8 中绘制电路原理图，并通过电气规则检查。

8.3.2 装入 HEX 文件

做好准备工作后，还必须把 HEX 文件装入单片机中，才能进行整个系统的软、硬件联合仿真调试。在 Proteus 8 中，双击原理图中的单片机 AT89C52，打开对话框。

单击 Program File 域的按钮，在打开的 Select File Name 对话框中选择要装入的 HEX 文件，然后单击"打开"按钮，此时在 Program File 域的文本框中显示 HEX 文件的名称及存放路径。单击 OK 按钮，即完成 HEX 文件的装入过程。

8.3.3 仿真调试

装入 HEX 文件后，单击仿真运行工具栏上的"运行"按钮，在 Proteus ISIS 的编辑窗口中可以看到单片机应用系统的仿真运行结果。其中，红色方块代表高电平，蓝色方块代表低电平。

如果发现仿真运行效果不符合设计要求，应该单击仿真运行工具栏上的 按钮停止运行，然后从软件、硬件两个方面分析原因。完成软、硬件修改后，按照上述步骤重新开始仿真调试，直到仿真运行结果符合设计要求为止。

[例 8-2] 简单的单片机应用系统实训电路如图 8-29 所示。单片机采用 STC89C52，振荡器频率 f_{osc} 为 12MHz，一位共阳极 8 段数码管，试编程实现下列功能：数码管从 0~F 循环显示。

1. 绘制电路图

在 Proteus 8 中绘制如图 8-29 所示的电路原理图，通过电气规则检查（执行菜单命令 Tools→Electrical Rule Check...，在 Electrical Rule Check 窗口的最后一行显示"No ERC errorsfound."）后，以文件名 L1-3 存盘。

2. 编写源程序

按照实训原理要求编写 C51 源程序，以文件名 L1-3.c 存盘。参考程序如下：

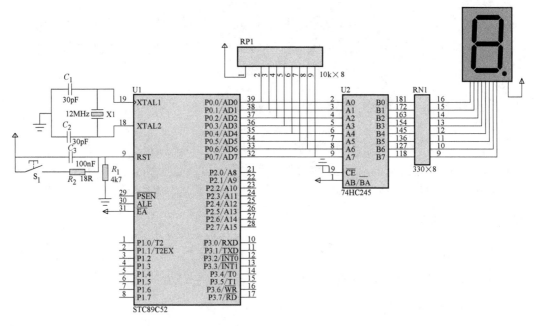

图 8-29　例 8-2 电路原理图

```
/************************************************************
```
实验名称:数码管静态显示(共阳极)

实验现象:数码管从 0~F 循环显示
```
************************************************************/
#include<reg51. h>
typedef unsigned char uint8;        //宏定义,定义 unsigned 类型节省内存占用
typedef unsigned int uint 16;
code uint 8 LED CODE [ ] = {0xC0,0xF9,0xA4,0xB0,0x99,0x92,0x82,0xF8,0x80,0x90,
                0x88,0x83,0xA7,0xA1,0x86,0x8E};
                    //定义共阳极数码管字形码数组
void delay( uint 16 x)        //延时子程序
{
    uint16 i,j;
    for( i=x;i>0;i--)
    for( j=114,j>0;j--);
}

void main( )                //主程序
{
    uint8 i=0;
    while(1)
    {
```

```
for(i=0;i<16;i++)
{
    P0=LED CODE[i];//循环显示0~F
    delay(1500);
}
}
}
```

3. 生成 HEX 文件

在 Keil μVision5 中创建名为 ShiXun1 的工程，将 L1-3. c 添加到该工程，编译/链接，生成 L1-3. hex 文件。

4. 仿真运行

在 Proteus 8 中，打开设计文件 L1-3，将 L1-3. hex 装入单片机中（双击 STC89C52，选择路径，找到 L1-3. hex 文件），启动仿真，观察系统运行结果是否符合设计要求。

8.4　STM32 软件开发环境及实验平台

8.4.1　安装 MDK

在新建工程之前需要先安装 MDK 软件，这里使用的版本是 V5.0，安装完成后可以在菜单栏 Help→about μVision 选项卡中查看版本信息，μVision 是一个集代码编辑、编译、链接及下载于一体的集成开发环境（IDE）。

MDK 安装过程如下所示：

1）双击 Keil uVision5 MDK V5.0.exe ，打开图 8-30 所示窗口，单击 Next >> 按钮。

2）勾选复选框，单击 Next >> 按钮，如图 8-31 所示。

图 8-30　安装 MDK 界面

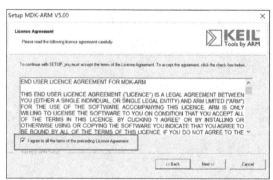

图 8-31　勾选复选框

3）默认安装在 C: \ Keil_v5 目录下，也可单击 Browse... 按钮选择其他位置，然后单击 Next >> 按钮，如图 8-32 所示。

4）如图 8-33 所示，在用户名中填入名字，在邮件地址中填入邮件地址（可任意写），单击 Next >> 按钮。

图 8-32　安装路径界面

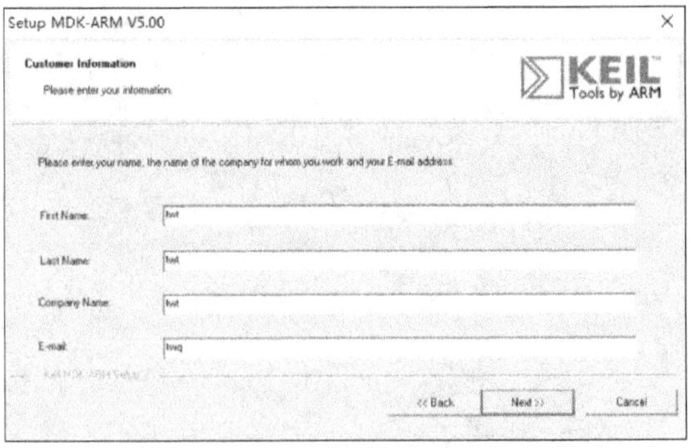

图 8-33　用户信息界面

5）安装进度界面如图 8-34 所示。

6）安装完成，单击 Finish 按钮，如图 8-35 所示。

图 8-34　安装进度界面

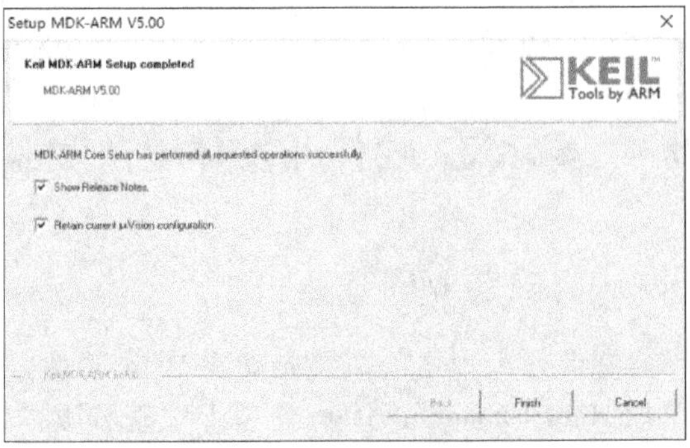

图 8-35　安装完成界面

7）此时就可在桌面看到 μVision 的快捷图标。

8.4.2　安装 Keil μVision5 MDK V5.1 器件支持包

安装 Keil μVision5 MDK V5.1 器件支持包的步骤如下：

1）双击 MDK Pack for Cortex-M V5.10.exe，弹出安装窗口如图 8-36 所示，单击 Next > 按钮继续安装。

2）勾选复选框，单击 Next>> 按钮，如图 8-37 所示。

图 8-36　安装 Keil μVision5 MDK V5.1 器件支持包界面

图 8-37　勾选复选框界面

3）默认安装在 C:\Keil_v5 目录下，也可单击 Browse... 按钮选择其他位置，然后单击 Next>> 按钮，如图 8-38 所示。

4）在用户名中填入名字，在邮件地址中填入邮件地址（可任意写，可空格），单击 Next>> 按钮，如图 8-39 所示。

图 8-38　安装路径界面

图 8-39　用户信息界面

5）单击 Finish 按钮完成安装，如图 8-40 所示。

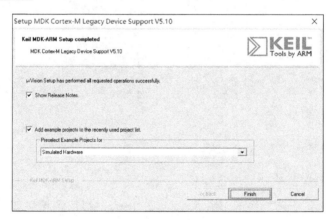

图 8-40　安装完成界面

8.4.3　安装 STM32 下载器驱动

安装 STM32 下载器驱动的步骤如下：

1）双击 st-link_v2_usbdriver.exe，弹出驱动安装窗口如图 8-41 所示，单击 Next> 按钮继续安装。

2）在图 8-42 窗口中，可以直接单击 Next> 按钮继续安装，也可以单击 Change... 按钮更改程序的安装目录，然后再单击 Next> 按钮继续。

3）弹出的窗口如图 8-43 所示，单击 Install 按钮开始安装。

4）安装过程中请耐心等待一段时间，然后在图 8-44 所示窗口中单击 Finish 按钮即安装完成。

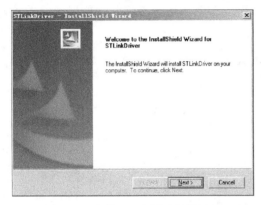

图 8-41　安装 st-link 驱动程序界面

图 8-42　安装路径界面

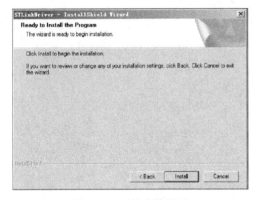

图 8-43　开始安装界面

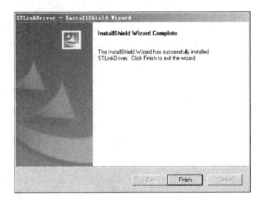

图 8-44　安装完成界面

8.4.4　安装 STM32 下载工具软件

安装 STM32 下载工具软件的步骤如下：

1）双击 STM32 ST-LINK Utility_v3.4.0.exe，弹出安装窗口如图 8-45 所示，单击 Next> 按钮继续安装。

2）弹出的窗口如图 8-46 所示，单击 Yes 按钮继续安装。

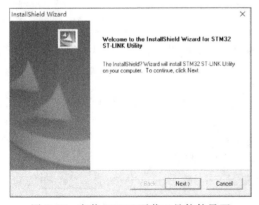

图 8-45　安装 STM32 下载工具软件界面

图 8-46　序列号对话框

3）在图 8-47 所示窗口中，可以直接单击 [Next>] 按钮继续安装，也可以单击 [Browse] 按钮更改程序的安装目录，然后再单击 [Next>] 按钮继续。

4）弹出的窗口如图 8-48 所示，单击 [下一步(N)>] 按钮继续安装。

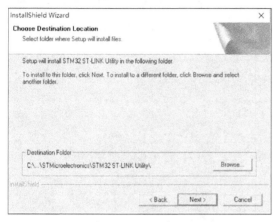

图 8-47　安装路径界面

图 8-48　下载工具软件安装向导

5）在图 8-49 所示窗口中，单击 [Finish] 按钮完成安装。此时可以在桌面看到 STM32 ST-LINK Utility 的快捷图标 。

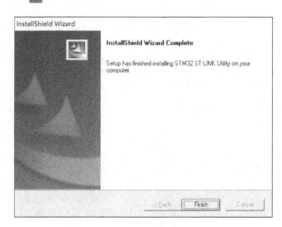

图 8-49　安装完成界面

8.4.5　安装 USB 转串口驱动

USB 转串口常用两种驱动，即 FT232R 和 CH341，具体使用何种驱动，需要查看开发板原理图中所使用的 USB 转串口的芯片名称。

安装 FT232R 驱动的步骤如下：

1）连接下载器与计算机的 USB。

2）鼠标右击"计算机"，选择"管理"，弹出"计算机管理"窗口，单击 设备管理器 打开设备管理器。

3）右击 USB Serial Port，单击 更新驱动程序软件(P)... ，如图 8-50 所示。

4）在弹出的浏览计算机上的驱动程序文件界面中，单击"浏览我的计算机以查找驱动程序软件（R）"，开始浏览计算机上的驱动程序文件，如图 8-51 所示。

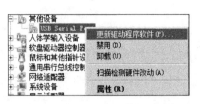

5）选中"ft232r usb uart 驱动"程序，然后单击 确定 按钮进行安装，如图 8-52 所示。

图 8-50　更新驱动程序软件

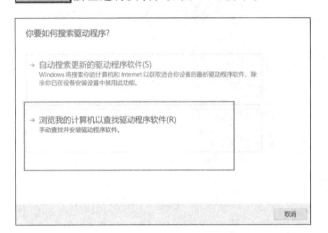

图 8-51　浏览计算机上的驱动程序文件界面

图 8-52　安装 ft232r usb uart 驱动程序

6）驱动文件位置设置完成后，单击 下一步(N) 按钮安装驱动，安装完成后会出现如图 8-53 所示窗口，"COM4"即该设备使用的串口号，单击 关闭(C) 按钮即可。

图 8-53　成功安装 USB 转串口驱动程序软件

7）再次重复上述 3）~6）的操作。

8）此时可在设备管理器的端口列表中，看到该设备使用的串口为 COM4，如图 8-54 所示。

图 8-54　使用的串口展示

注意：串口号会因个人计算机或设备的差异而不同，请仔细查看，以后的实验课程中会经常使用到。

安装 CH341 驱动的步骤如下：

1）插入 CH341 芯片驱动的串口设备。

2）打开 ch341ser.exe 文件。

3）单击后显示如图 8-55 所示界面，然后单击"安装"按钮。

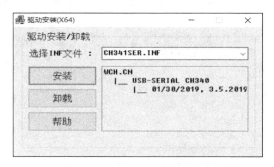

图 8-55　CH341 驱动安装界面

4）待安装完成后，重复上述 FT232R 驱动安装步骤的步骤 7），可在设备管理器端口列表查看串口号。

本 章 小 结

本章主要讲述了单片机系统仿真及实验平台，主要包括 Keil μVision5 和 Proteus 软件，以及 Proteus 和 Keil C51 软件的联合使用。

通过本章节的学习，希望读者可以系统掌握 Keil 编译软件的使用，会使用 Proteus 软件进行电路设计，同时会利用 Proteus 软件进行单片机程序仿真调试。

第9章　嘉立创EDA简介及PCB设计

9.1　嘉立创 EDA 简介

嘉立创 EDA 是一款基于浏览器的、友好易用的、强大的电子设计自动化（Electronics Design Automation，EDA）工具，起于 2010 年，完全由中国人独立开发，拥有独立的自主知识产权。嘉立创 EDA 服务于广大电子工程师、教育者、学生、电子制造商和爱好者，致力于中小原理图、电路图绘制，仿真，PCB 设计，并提供制造便利性。

嘉立创 EDA 的使用可以不需要安装任何软件或插件，也可以在任何支持 HTML5、标准兼容的 web 浏览器中打开。

9.2　设计准备工作

在设计之前，先来了解 PCB 设计的基本流程，如图 9-1 所示。

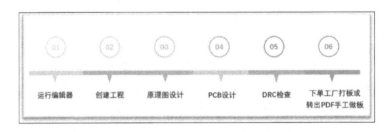

图 9-1　PCB 设计流程

进行 PCB 设计时，首先需要打开一个编辑器或是一个工具，即开发环境；然后需要新建一个工程文件，在这个工程中进行原理图和 PCB 图的设计；最后导出 Gerber 文件给工厂打样或转出 PDF 文件用于手工制板。注意，导出前需留意是否进行了 DRC（设计规则检查）。

本节主要介绍如何打开嘉立创 EDA 工具以及创建工程文件。

9.2.1　嘉立创 EDA 的打开

嘉立创 EDA 自出现以来，已经广泛应用于高校教学和广大电子工程师、爱好者、企业的电路设计中。作为国内一款 EDA 设计工具，其在细节方面不断完善和改进，立志为开发人员提供方便和快捷的服务。EDA 利用基于云端服务器的优势，通过网络实现了库文件共享、快速开发等；离开网络也可以使用离线版本，随时随地进行电路设计，更好地满足开发人员的需求。

1. 浏览器打开

嘉立创 EDA 是一个基于云端平台的工具，在使用过程中离不开网络的支持，所以可以在浏览器的地址栏输入网址：https：//lceda.cn，或者在百度搜索"嘉立创 EDA"就可以打开嘉立创 EDA 的主页，如图 9-2、图 9-3 所示。建议下载立创 EDA 客户端，如果使用浏览器，推荐使用最新版的谷歌或火狐浏览器。

图 9-2　地址栏输入网址

图 9-3　百度搜索嘉立创 EDA

2. 客户端打开

如果不想通过登录浏览器访问 EDA，则可以下载客户端。如图 9-4 所示，当进入 EDA 主页之后可以看到"立即下载"按钮，单击该按钮，跳转至客户端下载页面，如图 9-5 所示。

图 9-4　嘉立创 EDA 主页

客户端下载

图 9-5　客户端下载页面

9.2.2 工程的创建和管理

1. 工程创建

首先注册登录账号，然后在编辑器页面的主菜单栏单击 📁▾ 图标按钮，选择"新建"→"工程"（见图 9-6），在弹出的新建工程栏里选择文件夹，自行编写标题以及描述（见图 9-7）。完成设置后会自动弹出一个原理图图纸界面（见图 9-8），按 Ctrl+S 保存可将这个原理图添加到工程当中。

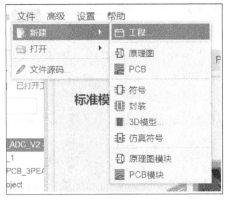

图 9-6　工程创建

图 9-7　工程设置

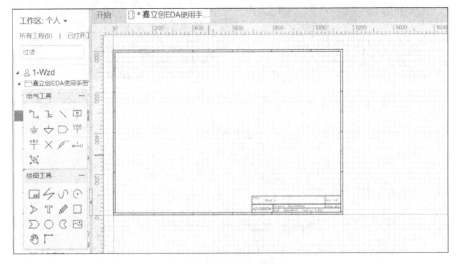

图 9-8　原理图图纸界面

2. 工程管理

在工程文件上右键单击弹出工程管理子菜单，如图9-9所示。

在这里可以对工程进行管理，包括查看工程详情、编辑工程内容、添加成员、下载删除、版本切换、分享。

（1）成员管理

左键单击成员后进入成员管理页面（见图9-10和图9-11），在这里可以添加工程成员和设置权限。这里和团队管理稍有不同，团队管理面向较多人协调管理，而个人工程里的成员管理只适用于较少人协作。

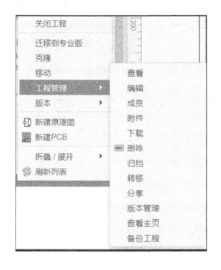

图9-9 工程管理子菜单

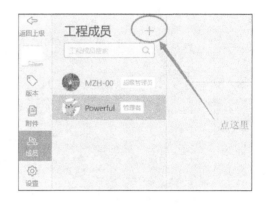

图9-10 添加成员页面1

图9-11 添加成员页面2

（2）版本管理

当在实际工程中需要设计不同的版本，或者团队中不同的人对同一工程的操作有不同的设计方案和需求时，可以引入版本管理功能（见图9-12和图9-13）。

使用版本管理功能时，可以在同一工程下新建多个版本，如图9-14所示，单击切换版本后可以切换到不同的版本进行设计。通过版本管理，可以解决工程文件在团队管理中被修改的问题。需要注意的是，在进行版本切换时要先把当前工程文件关闭。

图 9-12　版本管理页面 1

图 9-13　版本管理页面 2

图 9-14　版本管理页面 3

9.3　原理图设计

工程创建后就可以进行原理图的设计了。本书将介绍嘉立创 EDA 原理图库以及如何进行原理图的封装管理。

9.3.1　原理图库

原理图库文件包含了创建一个原理图所需的最基本的元器件，嘉立创 EDA 中有上百万的元器件，基本可以满足日常设计。在嘉立创 EDA 中，有两个原理图库选取路径，分别是基础库和元件库。

1. 基础库

在基础库中，包含了电容、电阻、接插件等常用元件，在选择元件时，会在右下角出现一个倒三角形，展开可以看到该原理图对应的一些常用封装（见图9-15），可以在这里直接选用所需要的封装。选中元件后，在所选元件上单击鼠标左键就可以在右边的图纸上放置原理图元件了。如果需要多个放置时，每按一次左键就会放置一个，右键取消放置，同一元件的标号会自动叠加命名。

2. 元件库

在元件库中，除了基本元件之外，嘉立创 EDA 充分发挥云端优势，设置了元件库查

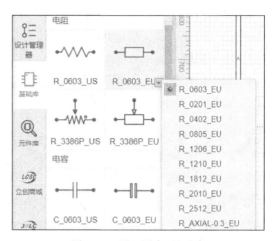

图 9-15　原理图库_基础库

找功能，用户可以使用立创商城上在售的所有元件的原理图和封装库，也可以使用所有用户使用过的原理图和封装库。

由于云端的库文件不断更新和积累，库文件数量也达到了惊人的数量，足够满足基本库文件的需求。只需要单击"元件库"就会弹出一个搜索框，在框内搜索想要的元件；选择一个类型，包括符号、封装、仿真符号、原理图模块、PCB 模块和 3D 模型；在库别里面有工作区、嘉立创商城、嘉立创贴片、系统库、关注以及用户贡献的库，根据具体所需选择合适的库即可。图 9-16 给出了搜索 STM32F103C8T6 的显示结果。

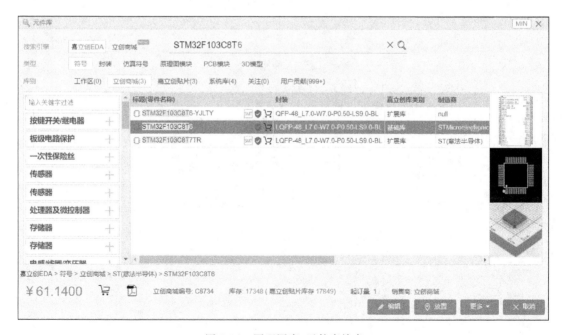

图 9-16　原理图库_元件库搜索

为方便用户识别该原理图的封装，当选中一个原理图库后会在右边看到一个封装和实物的预览窗口，如图 9-16 右侧所示。

9.3.2 封装管理

1. 系统封装

当原理图画完之后,在生成 PCB 之前需要确认封装是否对应正确,嘉立创 EDA 提供了一个很方便的封装管理器(见图 9-17),只需要在原理图中选中任意一个元件,在右边的属性框就可以看到这个元件的基本信息。即单击"封装"进入封装管理器可以查看元件的原理图和相对应的封装。如果想要更改封装(见图 9-18),只需要在左边的元件列表上选中封装,多个更改的话则按住键盘上的 Ctrl 逐一选中,然后在右边的搜索框搜索需要的封装,选择库别后选择元件,最后单击右下角的"更新"按钮即可。

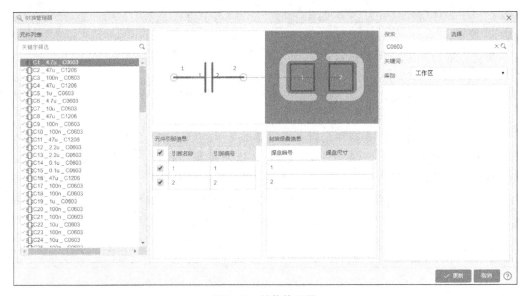

图 9-17　封装管理器

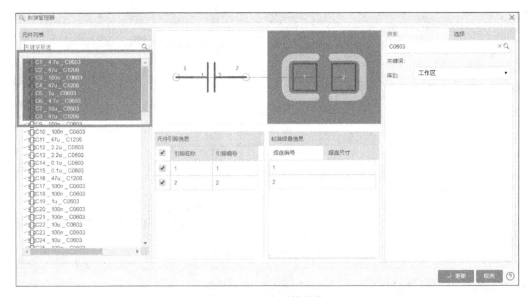

图 9-18　更改元件封装

2. 自建封装库

如果在基础库和元件库中没有需要的原理图和封装时，则需要自己新建一个原理图库或封装库，新建的库会上传到云端，以便其他人使用，从而实现云端库的更新和积累。

新建原理图库或封装库的步骤如下：

第一步：新建原理图。

在主菜单栏上单击 图标按钮，选择"新建"子菜单下的"符号"后就可以生成一个原理图的图纸页面，如图9-19所示。

生成好的原理图文件需要保存，如要画一个NE555D的原理图，则将其名字保存为NE555D，在保存时图的所有者可以选择个人或者是团队，如图9-20所示。

图9-19 新建原理图

图9-20 保存原理图

第二步：原理图的设计。

在原理图的设计中，一定要根据元件的数据手册说明进行绘制，如该元件共有多少个引脚，每个引脚的标号说明是什么，都要严格遵守，养成良好的工程管理的习惯。

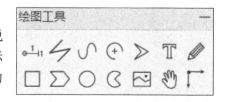

图9-21 绘图工具

嘉立创EDA提供了两种绘制原理图的方法：第一种是使用图纸页面的绘图工具（见图9-21）慢慢画；第二种是使用原理图库的向导功能（见图9-22），单击主菜单栏的 图标按钮进入符号向导页面，填写位号、名称，选择样式，输入引脚编号和对应名称后，单击"确定"按钮即可自动生成图9-23所示的原理图。

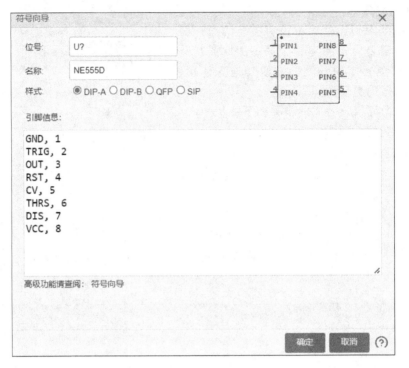

图 9-22 符号向导

第三步：对应封装。

当原理图绘制好后，需要将其和封装对应起来（见图 9-24）。首先选中需要添加封装的元件，观察原理图右侧的元件属性框，单击"封装"选项（见图 9-24a），进入封装管理器界面（图 9-24b）。在封装管理界面中，首先在元件列表中单击元件，根据数据手册中所提供的封装名称，在搜索框中搜索封装名称，这里以 SOIC-8 封装为例。然后，在搜索结果中单击需要的封装，核对引脚标号和尺寸后单击右下角"更新封装"按钮即可。

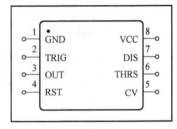

图 9-23 生成的原理图

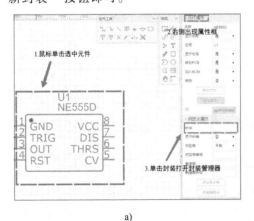

a)

b)

图 9-24 封装管理器及其开启流程

当系统库里搜索不到所需要的封装时，同样的也需要自己画封装。首先新建一个 PCB 库（见图 9-25），然后根据元件数据手册上的规则将封装画好后保存，和原理图对应起来即可。

图 9-25　新建 PCB 库

9.4　PCB 设计

9.4.1　原理图转 PCB

当原理图设计完成之后，接下来就是 PCB 的设计了。如果新建工程时没有创建 PCB 文件，则通过选择主菜单栏的"转换"按钮 ，选择"原理图转 PCB"（见图 9-26）就可以生成一个 PCB 文件；若已经有了 PCB 文件，且在画图过程中想对原理图进行修改，则只需要选择"转换"按钮下的"更新 PCB"即可。

图 9-26　原理图转 PCB

如果同一工程存在多个原理图或 PCB 时，可以在转成 PCB 或更新 PCB 时选择相应的 PCB 即可。生成 PCB 文件后会出现一个 PCB 绘图区，背景和网格都可以在右边的属性框修改，在生成相应原理图的封装之后还会默认生成一个参考边框，用户可以自行修改或删除。

9.4.2　PCB 的布局和布线

1. PCB 的布局

原理图转成相应的 PCB 文件后，在进行 PCB 布线前需要对元件进行一个大概的布局。PCB 的布局有三种方法：

1）第一种方法是直接根据原理图的元件编号在 PCB 图上自由选择元件进行布局。

2）第二种方法是在原理图页面先框选某一模块的电路，然后单击主菜单栏上的"工具"按钮，选择"交叉选择"选项，这时会直接跳到 PCB 设计页面，原理图选中的元件会在 PCB 图上以高亮的形式选中，这时用鼠标就可以将这些元件拉到一边进行布局。

3）第三种方法更加便捷，它可以将原理图上的布局转到 PCB 图上，从而减少进行 PCB 布局的时间。其操作方法和第二种方法类似，只需要单击主菜单栏上的"工具"按钮后选择"布局传递",然后跳到 PCB 页面,同时 PCB 页面会根据原理图所选择的元件排布方式在 PCB 图上排列一致。

2. PCB 的布线

在进行 PCB 布线时最多支持 34 层走线,足够满足工程师的日常需求。在图 9-27 所示的"层与元素"选择所要连接线的层,若选中顶层,会看到顶层左边方框内有一支笔显示,如果需要隐藏某一层,则只需要单击对应层左边的眼睛将其隐藏即可。

在 PCB 图纸页面有一个"PCB 工具"的悬浮窗,如图 9-28 所示。在这个窗口可以选择导线、焊盘、过孔、覆铜等基本功能,单击右上角的"—"号可以将窗口最小化。连接导线可以使用快捷键"W"。

在布线的过程中,可以随时在页面右边的属性框内对画布进行一些设置,如导线宽度可以在绘制时按住键盘上"Tab"键进行修改。

图 9-27　层管理器

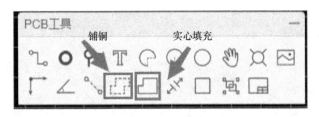

图 9-28　PCB 设计常用工具

如图 9-29 所示,在 PCB 布线中还可以选择移除回路的功能,如果两个焊盘直接需要走两条或两条以上的路径时,则需要将右侧画布属性中的"移除回路"改为"否"就可以进行绘制多条通道了。

9.4.3　覆铜和预览

1. 覆铜

在 PCB 设计过程中,可以在"PCB 工具"悬浮窗中选择"覆铜"选项覆铜,使用这个方式时只需要将边

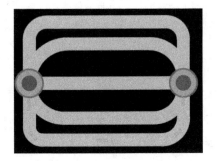

图 9-29　多条路径(移除回路)

线包含住需要覆铜的范围即可,覆铜工具会自动识别边框,它不会在边框外部进行覆铜。

除了用覆铜工具进行覆铜外,还可以通过"PCB 工具"悬浮窗中的"实心填充"工具实现。首先需要绘制一个多边形的图形,然后选择绘制的图形,在右侧的属性框内添加网格即可实现覆铜的效果(见图 9-30)。

2. 预览

嘉立创 EDA 可以随时进行二维的照片预览(见图 9-31)和三维的立体预览(见图 9-32),它的图标在主菜单栏上的形状类似一个摄像机。我们可以根据右侧的属性修改预览的板子和焊盘的颜色。通过预览的功能可以很直观地看到板子实际生产后出来后会是一个什么样的效

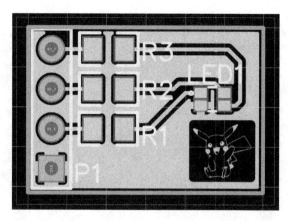

图 9-30　覆铜效果

果，也可以通过预览找到一些错误加以修改。如图 9-33 和图 9-34 所示为设计的 PCB 布线图和三维立体预览效果。

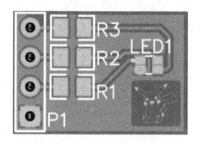

图 9-31　照片预览效果

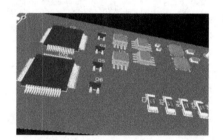

图 9-32　立体预览效果

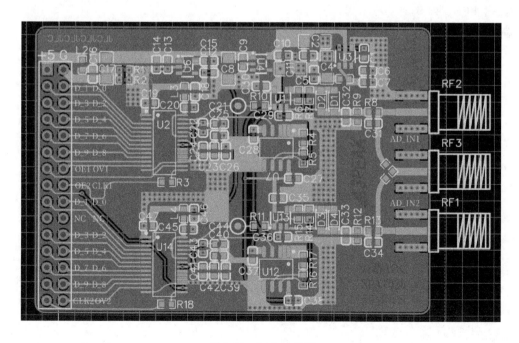

图 9-33　PCB 布线图

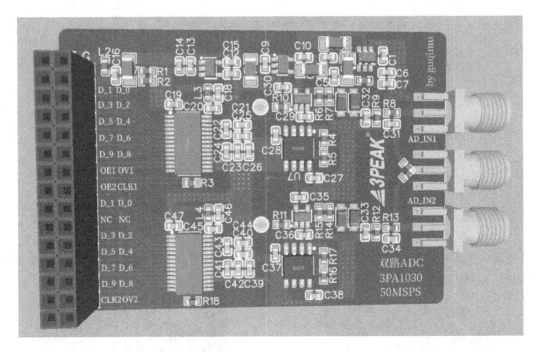

图 9-34　三维立体预览效果

本 章 小 结

　　本章主要介绍了嘉立创 EDA 的使用，包括工程的创建、原理图的绘制、封装的管理、原理图转 PCB、PCB 的布局布线等内容。

　　通过本章的学习，希望学生可以独立完成原理图设计和 PCB 设计等任务。

第10章 基于STM32的药物配送小车

当今的时代是信息的时代，新技术、新思想层出不穷，而汽车工业也备受瞩目，电子技术的迅猛发展，使得汽车智能化的发展成为热门。传统汽车的发展方式正在发生改变，能源的利用也由传统的石油、天然气等转化为新能源，从而使得智能汽车向着舒适化、简单化的方向发展。智能驾驶系统相当于智能机器人代替人力收集环境等信号，通过分析信号得到信息来下达指令，可以完成更高难度的操作，从而使汽车驾驶更安全。

不同于人力自主操作的系统，智能系统由于应用了各种新发展的技术，如人工智能、信息技术、电子程序，更受大众和市场欢迎。智能小车的课题研究在这种大环境趋势下应运而生。各大高校也十分重视相关课题，电子大赛也常用此作为考题，通过研究智能小车可以实现时间、速度、里程的显示，使其具有能够自动寻迹、寻光、避障的功能。

10.1 任务要求

本章电子系统综合实践的主要内容是设计并制作智能送药小车，模拟完成在医院药房与病房间药品的送取作业。院区结构示意图如图 10-1 所示。院区走廊两侧的墙体由黑实线表示。走廊地面上画有居中的红实线，并放置标识病房号的黑色数字可移动纸张。药房和近端病房号（1、2 号）在图 10-1 中位置固定不变，中部病房和远端病房号（3~8 号）测试时随机设定。

任务要求如下：

1) 单个小车运送药品到指定的近端病房并返回到药房。要求运送和返回时间均小于 40s。

2) 单个小车运送药品到指定的中部病房并返回到药房。要求运送和返回时间均小于 40s。

3) 单个小车运送药品到指定的远端病房并返回到药房。要求运送和返回时间均小于 40s。

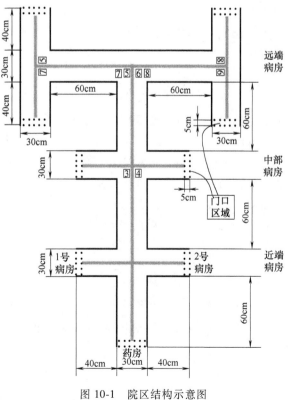

图 10-1 院区结构示意图

10.2　系统设计方案

小车的系统设计主要包括 6 个模块：中央处理模块、电动机驱动模块、DC-DC 稳压模块、循迹检测模块、倒车检测模块、电动机转速测量模块。中央处理模块使用 STM32F10x 系列微控制器，该微控制器价格低、运算速度快、资源丰富，开发经验丰富。电动机驱动模块选用 A4950 DMOS PWM 驱动电动机，利用 PWM 技术实现对电动机的速度控制。DC-DC 稳压模块采用 LM2596S 简单开关电源变换器和 MS117-3.3LDO 稳压器，分别将锂电池输入电压稳压于 5V 和 3.3V。循迹检测模块采用灰度传感器，通过线性 CCD 传感器进行地面红线检测。倒车检测模块采用红外对管传感器，红外对管传感器会识别到黑线，并输出高电平信号，单片机 I/O 口识别高电平信号并调用倒车程序，完成小车调头功能。电动机转速测量模块采用霍尔编码器，通过测量电动机转轴位移实现转速测量。在这些硬件设计的基础上，提出各类软件设计方案并使用 PID 算法等对小车的运行进行控制，实现小车在自动循迹、自动避障和自动入库过程中的精准控制。系统设计框图如图 10-2 所示。

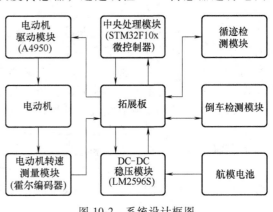

图 10-2　系统设计框图

10.3　理论分析与计算

10.3.1　阿克曼转向结构理论分析与计算

建立阿克曼转向差速模型如图 10-3 所示。图中，L 为轴距，d 为轮距，r 为车轮半径，δ 为车轮转向角，点 O 为车辆的转向中心，且与后轴共线。根据上述假设，对车辆转向进行静态运动学分析，并给定车身速度 v 和前轮转向角为输入量，根据几何结构和瞬心定理，可得到车轮的纵向平移速度 v_1、v_r 的计算公式为

$$v_1 = v[1 + d\tan\delta/(2L)] \tag{10-1}$$

$$v_r = v[1 - d\tan\delta/(2L)] \tag{10-2}$$

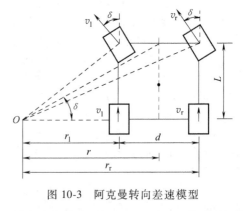

图 10-3　阿克曼转向差速模型

假设前后车轮滚动半径 r 大小一致，即可得到行驶车轮的转速，n_1 和 n_r 的计算公式为

$$n_1 = v_1/r_1 \tag{10-3}$$

$$n_r = v_r/r_r \tag{10-4}$$

本设计方案中采用两个外转子电动机直接与车轮连接，电动机的转速等于两个主动轮的转速，另外两个从动轮的方向可以通过舵机转角来改变调整。

10.3.2 霍尔编码器转速检测理论分析与计算

霍尔编码器原理示意图如图 10-4 所示。霍尔编码器是一种通过磁电转换将输出的机械几何位移量转换成脉冲或数字量的传感器，由霍尔码盘和霍尔元件组成。霍尔码盘是在一定直径的圆板上等分地布置有不同的磁极。霍尔码盘与电动机同轴，电动机旋转时，霍尔元件检测输出若干脉冲信号，为判断转向，一般输出两组存在一定相位差的方波信号。

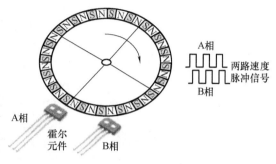

图 10-4 霍尔编码器原理示意图

转速检测的计算公式为

$$n = 1000N_2(2\pi r/N_1)/t \tag{10-5}$$

式中，N_1 为电动机转动一圈的脉冲数，单位为个；t 为单位时间，单位为 s；N_2 为单位时间内捕获的脉冲变化数，单位为个；r 为电动机轮子半径，单位为 m；π 为圆周率；n 为转速，单位为 mm/s。

10.3.3 电动机差速控制理论分析与计算

电动机差速控制采用 PID 算法，其框图如图 10-5 所示，本章采用增量 PI 控制器，速度控制闭环系统使用 PI 进行车轮转速控制，车轮转速计算公式为

$$n = K_p[e(k) - e(k-1)] + K_i e(k) \tag{10-6}$$

式中，e 为偏差值，是电动机的目标转速值和实际编码器测得的转速值的差值。

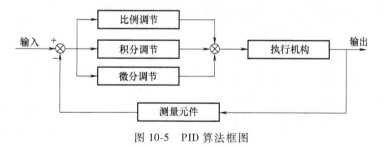

图 10-5 PID 算法框图

10.4 系统电路设计与模块介绍

10.4.1 STM32 核心板电路设计

STM32 核心板电路以 STM32F103C8T6 芯片为主控制器，电路原理图如图 10-6 所示，该主控器是基于 Cortex-M3 内核的 32 微处理器，最高工作频率可以达到 72MHz，具有高性能、低成本和低功耗等特点。STM32F103C8T6 芯片上不仅集成了 256～512kB 的闪存程序存储

器、64kB 的 SRAM 存储器、3 个 12 位模/数转换器和 2 通道 12 位数/模转换器，还具有丰富的定时器和通信接口等资源，特别是多达 6 路的 PWM 输出，为舵机和电动机驱动模块提供了方便。根据 STM32F103C8T6 数据手册设计的最小系统，主要由系统时钟电路、实时时钟电路、JTAG 调试接口电路和复位电路等组成。

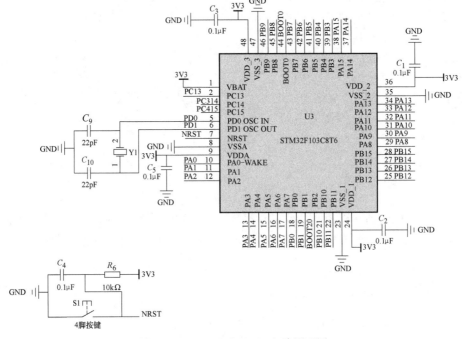

图 10-6　STM32F103C8T6 电路原理图

10.4.2　按键电路

按键电路包括用户按键、LED 指示灯、电源指示灯。用户可以通过按键对系统参数进行设置，选择需要运送药物的房间号，通过 LED 指示灯显示是否选择成功及系统的运行状态，从而实现随机指定房间运送药物的目的。按键电路原理如图 10-7 所示。

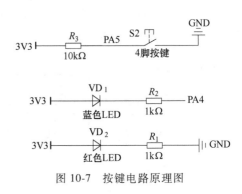

图 10-7　按键电路原理图

10.4.3　稳压模块电路

稳压模块电路采用 3S 航模电池供电，因为驱动电动机需要 12V 电压，而系统板采用 5V 供电，所以需要降压模块将 12V 转换为 5V 使用。稳压电路设计时采用 LM2596S-5.0 实现电压转换，根据 LM2596S 芯片手册可设计该电路，稳压模块电路原理图如图 10-8 所示。

10.4.4　霍尔编码器电路

根据芯片手册可设计该电路，霍尔编码器电路原理图如图 10-9 所示。

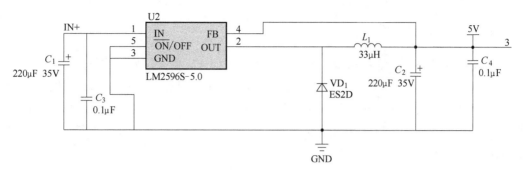

图 10-8　稳压模块电路原理图

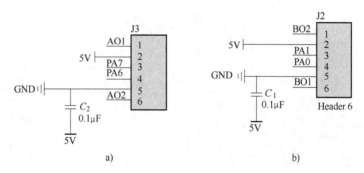

a)　　　　　　　　　　　　　　　b)

图 10-9　霍尔编码器电路原理图

a）电动机编号器接口 2　b）电动机编号器接口 1

10.4.5　电动机驱动电路

电动机驱动电路采用 A4950 实现电动机驱动。A4950 最高可输出 3.5A 电流，可以满足电动机驱动需求，电动机 A 的两个线分别接 AOUT1、AOUT2，电动机 B 的两个线分别接 BOUT1、BOUT2。控制电动机时，A4950 直接将 PB6、PB7（PB8、PB9）接不同占空比的 PWM 信号。由于 AIN1 和 AIN2（BIN1 和 BIN2）之间存在压差，电动机可以转动，并且压差越大，转速越快。因此可以通过调节两路 PWM 占空比来控制一个 A4950 芯片实现调速以及小车方向的改变。根据芯片手册可设计电路，A4950 电动机驱动模块电路原理图如图 10-10 所示。

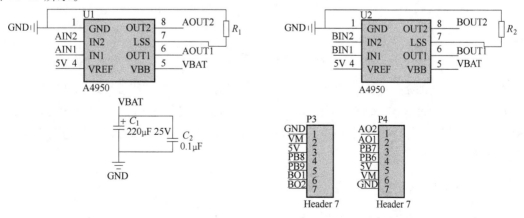

图 10-10　A4950 电动机驱动模块电路原理图

10.4.6　循迹检测模块

循环检测模块采用灰度传感器。灰度传感器和红外传感器有类似之处，但却有红外传感器所不及的特性。灰度传感器采用高亮的聚光 LED 灯进行补光，其接收管对不同强度的反射光进行处理。若设定一个参考电压值，当高于参考电压时输出高电平，低于参考电压时输出低电压，从而实现以高低电平作为输出信号。灰度传感器实物如图 10-11 所示，其电路原理图如图 10-12 所示。

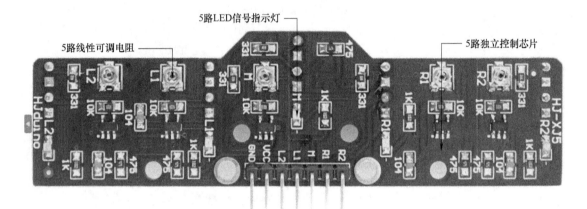

图 10-11　灰度传感器实物

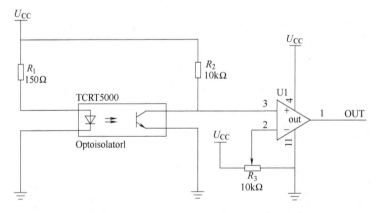

图 10-12　灰度传感器电路原理图

循迹检测模块的工作过程：调节灰度传感器的线性可调电阻，使得其识别红线的灵敏度达到最高，然后通过 STM32F103C8T6 单片机的 I/O 口读取高低电平，判断是否识别到红线，最后调用巡线程序和十字、丁字路口识别程序，使电动机驱动，从而控制智能送药小车直线行驶和转弯。

10.4.7　倒车检测模块

倒车检测模块采用了红外对管传感器，红外对管传感器实物图如图 10-13 所示。此传感器模块是基于 TCRT5000 红外光电传感器设计的一款红外反射式光电开关，红外对管传感器的电路原理图如图 10-14 所示。

当智能送药小车到达指定药房时，红外对管传感器会识别到黑线，并输出高电平信号，STM32 通过 I/O 口识别高电平信号并调用倒车程序，通过电动机驱动小车掉头。

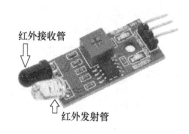

图 10-13 红外对管传感器实物图

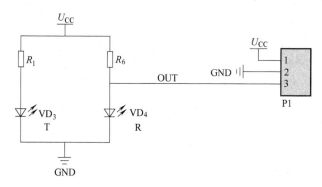

图 10-14 红外对管传感器电路原理图

10.4.8 系统电路 PCB 设计

完成一项 PCB 设计，首先需要建立一个工程，并创建相应的原理图，保存至新工程，如图 10-15 和图 10-16 所示；也可以直接创建原理图并保存至新工程，如图 10-17 所示。

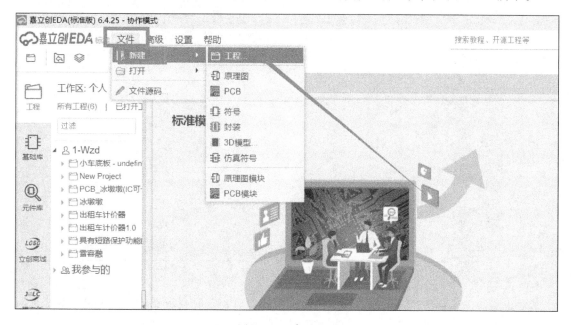

图 10-15 建立工程

然后根据设计原理图进行元器件的选择。本次的工程是设计一个小车拓展板，基本的元器件可以直接在基础元件库里面选取，找到合适的封装和符号，然后单击"放置"按钮，放置完成后右键取消放置，如图 10-18 和图 10-19 所示。

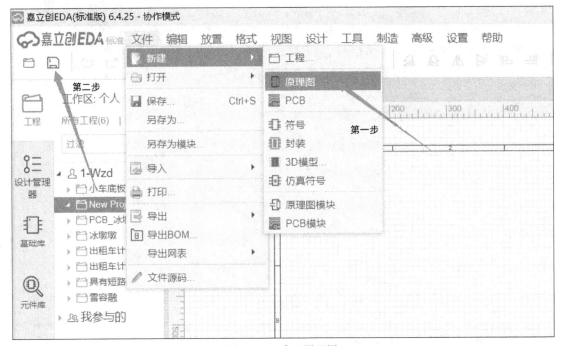

图 10-16　建立原理图

图 10-17　保存原理图至新工程

对于复杂的元器件或者模块，元件库里面可能没有，这时就需要根据要求设计相应的原理图。首先在软件中单击"新建"，然后单击"符号"，如图 10-20 所示。

选择绘图工具里的矩形框绘制一个元件，再选择引脚工具设计引脚，选中期间按 Tab 键可以更改引脚名称，按空格键可以旋转引脚，选择合适的位置放置，如图 10-21 所示。

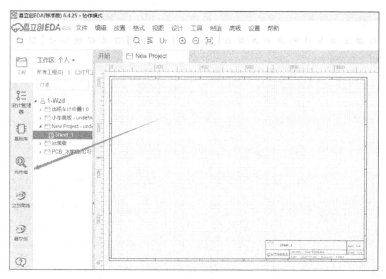

图 10-18 元器件选取

图 10-19 元器件放置

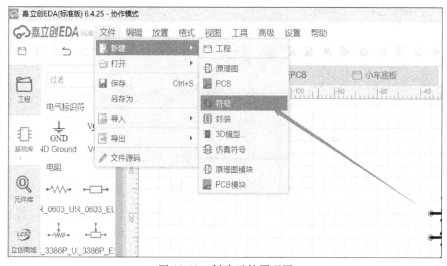

图 10-20 创建元件原理图

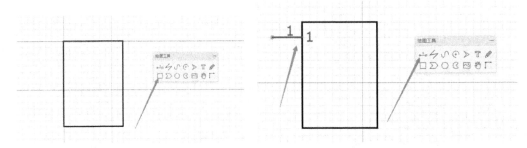

图 10-21　绘制元件原理图

绘制好元件引脚图之后，此时可能并没有那么美观，这时可以单击"符号向导"按钮，选择顺序排列样式（DIP-A）并单击"确定"按钮，可以美化引脚图，如图 10-22 所示。

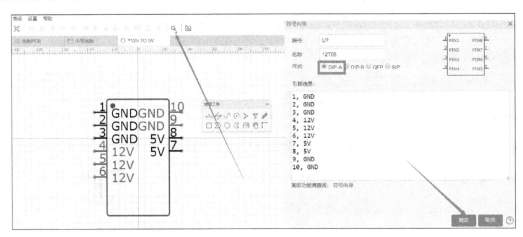

图 10-22　美化引脚图

美化好元件引脚图之后，就需要设计对应的 PCB 图了。单击"文件"，选择"新建""封装"，如图 10-23 所示。

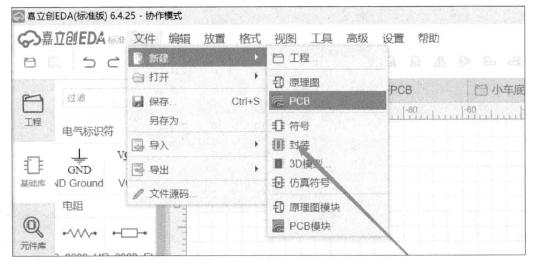

图 10-23　创建元件 PCB 图

这时需要对应复杂元件或者模块的资料文件，主要用于查看对应引脚之间的间距、模块大小等，从而使成功设计好的板子能与元件、模块完美地焊接在一起。首先选择封装工具里的焊盘，确定好所有需要焊接的大概位置，并注意焊盘编号，放置好焊盘，如图10-24所示。

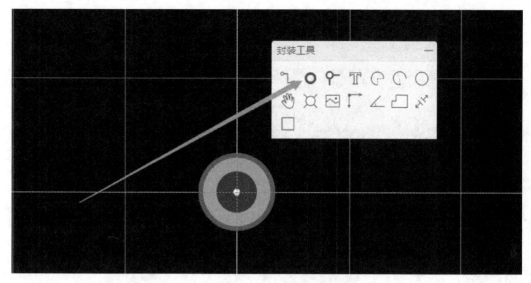

图 10-24 选择并放置焊盘

然后，按照距离大小准确摆放焊盘，如图10-25所示。单击箭头1所指的"智能尺寸"按钮，再单击两个焊盘，通过修改数字来准确摆放。

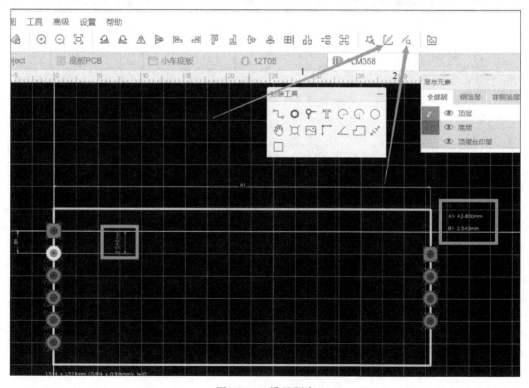

图 10-25 设置距离

最后，左键选中目标焊盘，再单击所需的摆放按钮一键摆放，随后单击"顶层丝印层"，选择封装工具中的导线绘制丝印并保存，如图10-26所示。

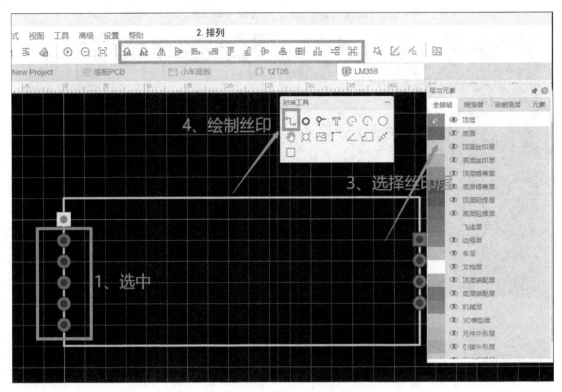

图 10-26　位置优化、绘制丝印

此时所需的元件或者模块的PCB图设计完成，再打开之前绘制好的原理图，单击"封装"，搜索刚绘制的封装名字，检查引脚连接无误后更新保存，将原理图与PCB图组合，如图10-27所示。

图 10-27　原理图与 PCB 图组合

按照以上方法，将元件库里没有却需要的元件或者模块设计出来，再按照绘制原理图的方法绘制小车拓展板图，绘制好之后，单击"设计"，再单击"原理图转PCB"，将原理图转换为印制板子所需要的PCB图，如图10-28所示。

按照设计的需要将PCB图上的模块摆放到合适位置，此时可以选择手动布线和自动布

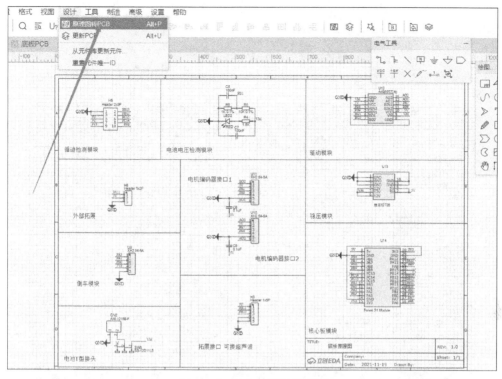

图 10-28　小车拓展板原理图

线，自动布线相对节省时间，布完线后，选择"放置"，并单击"铺铜"，鼠标选择铺铜区域，右键开始铺铜，如图 10-29 所示。

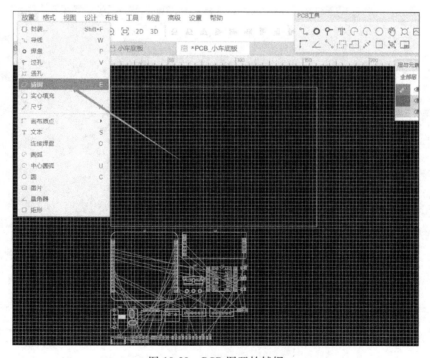

图 10-29　PCB 图开始铺铜

完成铺铜之后的效果如图 10-30 所示，此时可以单击"2D""3D"预览打印之后的效果，如图 10-31、图 10-32 所示，实物如图 10-33、图 10-34 所示。

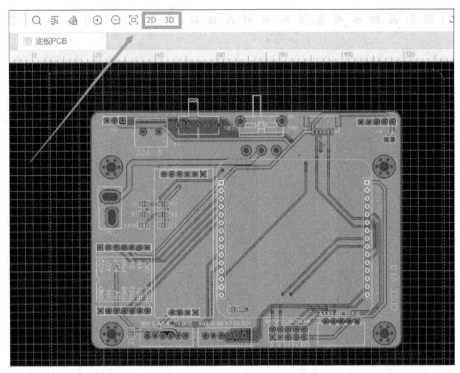

图 10-30 PCB 图完成铺铜

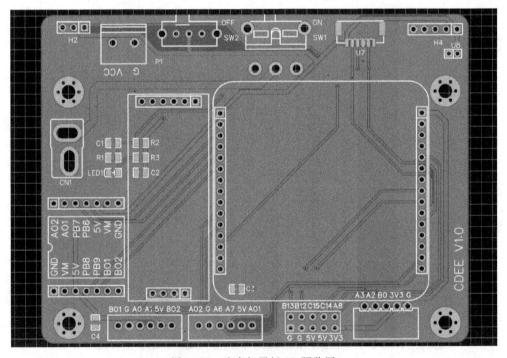

图 10-31 小车拓展板 2D 预览图

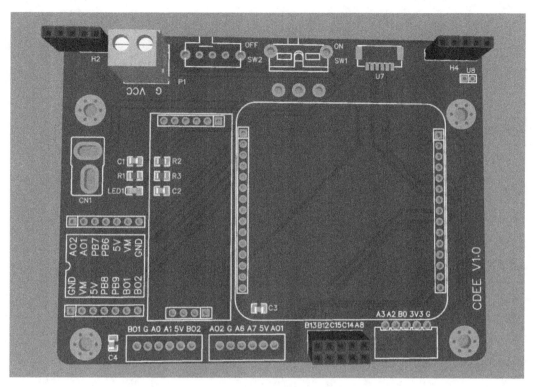

图 10-32 小车拓展板 3D 预览图

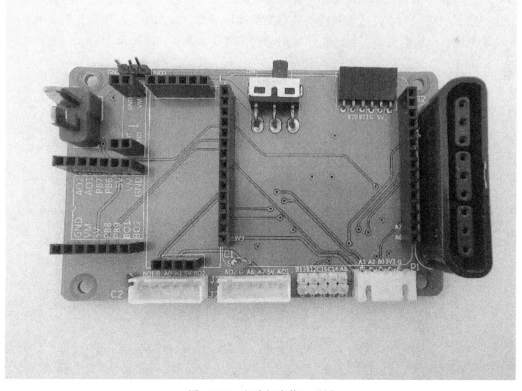

图 10-33 电路板实物正面图

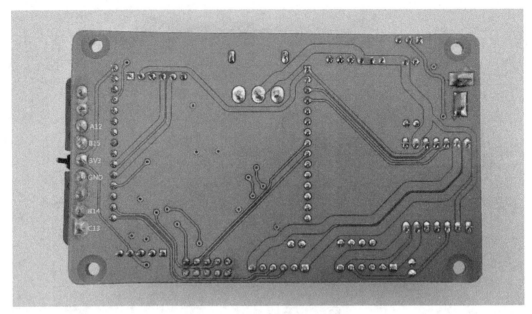

图 10-34　电路板实物背面图

10.4.9　送药小车实物外观

小车以万向轮、两个电动机驱动为底盘，使用 STM32 单片机、A4950 电动机驱动模块，DC-DC 稳压电路中采用 LM2596 简单开关电源变换器和 MS117-3.3LDO 稳压器将锂电池输入电压分别稳压于 5V 和 3V，通过灰度传感器检测地面红线、霍尔编码器测量电动机转轴位移实现转速测量。智能送药小车处于工作状态时的实物图如图 10-35 所示。

图 10-35　智能送药小车

10.5 系统软件设计

10.5.1 灰度传感器循迹检测

灰度传感器利用了不同颜色的检测面对光的反射程度不同，而光敏电阻对不同检测面返回的光其阻值也不同的原理进行颜色深浅检测。在有效的检测距离内，发光二极管发出白光，照射在检测面上，检测面反射部分光线，光敏电阻检测此光线的强度并将其转换为高低电平信号，STM32 单片机 I/O 口读取此信号。灰度传感器循线算法流程图如图 10-36 所示。

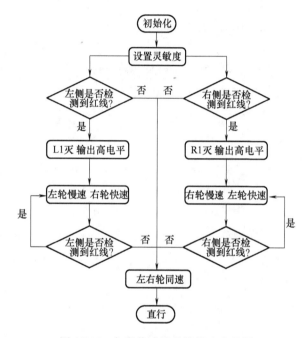

图 10-36　灰度传感器循线算法流程图

算法如下：

```
Void search_line( unsigned int speed, unsigned int feedback_speed)
{
    if( ( L1 = = 1)&&( R1 = = 1))
    {
        __ HAL_TIM_SetCompare( &htim4, TIM_CHANNEL_1,0);
        __ HAL_TIM_SetCompare( &htim4, TIM_CHANNEL_2,speed);
        __ HAL_TIM_SetCompare( &htim4, TIM_CHANNEL_3,0);
        __ HAL_TIM_SetCompare( &htim4, TIM_CHANNEL_4,speed);
    }
    else
    {
```

```
        if((L1==0)&&(L2==0))
                {
                        __HAL_TIM_SetCompare(&htim4, TIM_CHANNEL_1,0);
                        __HAL_TIM_SetCompare(&htim4, TIM_CHANNEL_2,speed);
                }
        else
                {
                        __HAL_TIM_SetCompare(&htim4, TIM_CHANNEL_1,0);
                        __HAL_TIM_SetCompare(&htim4, TIM_CHANNEL_2,feedback_speed);
                }
        if((R1==0)&&(R2==0))
                {
                        __HAL_TIM_SetCompare(&htim4, TIM_CHANNEL_3,0);
                        __HAL_TIM_SetCompare(&htim4, TIM_CHANNEL_4,speed);
                }
        else
                {
                        __HAL_TIM_SetCompare(&htim4, TIM_CHANNEL_3,0);
                        __HAL_TIM_SetCompare(&htim4, TIM_CHANNEL_4,feedback_speed);
                }
        }
}
Void turn_left(unsigned char num)
{
    if((R1==1)&&(R2==1)&&(L1==1)&&(L2==1)&&(M==1)&&(k==num))
                {
                        k+=1;
                        while(1)
                        {
                            __HAL_TIM_SetCompare(&htim4, TIM_CHANNEL_1,0);
                            __HAL_TIM_SetCompare(&htim4, TIM_CHANNEL_2,0);
                            __HAL_TIM_SetCompare(&htim4, TIM_CHANNEL_3,0);
                            __HAL_TIM_SetCompare(&htim4, TIM_CHANNEL_4,0);
                            if((R2==0)&&(L2==0))
                                break;
                        }
                        while(1)
                        {
                            __HAL_TIM_SetCompare(&htim4, TIM_CHANNEL_1,turn_round
                            _speed);
```

```
        __ HAL_TIM_SetCompare(&htim4, TIM_CHANNEL_2,0);
        __ HAL_TIM_SetCompare(&htim4, TIM_CHANNEL_3,turn_round_speed);
        __ HAL_TIM_SetCompare(&htim4, TIM_CHANNEL_4,0);
        HAL_Delay(100);
          break;
      }

      while(1)
      {
        __ HAL_TIM_SetCompare(&htim4, TIM_CHANNEL_1,turn_left_speed);
//323
        __ HAL_TIM_SetCompare(&htim4, TIM_CHANNEL_2,0);
        __ HAL_TIM_SetCompare(&htim4, TIM_CHANNEL_3,0);
        __ HAL_TIM_SetCompare(&htim4, TIM_CHANNEL_4,turn_left_speed);
//323
        if(M==0)
          break;

      }
      while(1)
      {
        __ HAL_TIM_SetCompare(&htim4, TIM_CHANNEL_1,turn_left_speed);
//323
        __ HAL_TIM_SetCompare(&htim4, TIM_CHANNEL_2,0);
        __ HAL_TIM_SetCompare(&htim4, TIM_CHANNEL_3,0);
        __ HAL_TIM_SetCompare(&htim4, TIM_CHANNEL_4,turn_left_speed);
//323
        if((R1==0)&&(M==1)&&(L1==0))
          break;
      }
      if(M==0)
        {
          while(1)
          {
          __ HAL_TIM_SetCompare(&htim4, TIM_CHANNEL_1,0);
          __ HAL_TIM_SetCompare(&htim4, TIM_CHANNEL_2,turn_left_
feedback_speed);//293
          __ HAL_TIM_SetCompare(&htim4, TIM_CHANNEL_3,turn_left_
feedback_speed);//293
```

```
        __ HAL_TIM_SetCompare(&htim4, TIM_CHANNEL_4,0);
        if((R1==0)&&(R2==0)&&(L1==0)&&(L2==0)&&(M==1))
            break;
            }
        }
    }
}
```

10.5.2 键选房间号

根据任务要求，需要随机指定运送药物的房间，所以应通过按键来实现，键选房间号算法流程图如图 10-37 所示。按键 PA4 切换近中远三个参数界面，每个参数界面通过 PA5 键选择房间，近远端默认左边房间，远端默认左下房间。

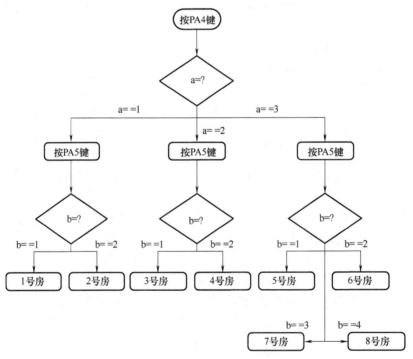

图 10-37　键选房间号算法流程图

算法如下：

```
Void key_room(Void)
{
    if(key==PA4)
    {
    b=1;if(++a>=4)
    {
```

```
a==1;run=1;
}
}
if(key==PA5)
  {
switch(a)
{
case 1: if(++b>=3)b=1;if(b==1)num=1;else num=2;break;
case 2: if(++b>=3)b=1;if(b==1)num=3;else num=4;break;
case 3: if(++b>=5)b=1;if(b==1)num=5;
else if(b==2)num=6;else if(b==3)num=7;
else if(b==4)num=8;break;
}
}
}
```

10.5.3　远中近端一次性走完算法

设计程序，实现单个小车一次性运送药品到指定的远端、中部和近端病房，并返回到药房。远中近端一次性走完算法流程图如图10-38所示。

算法如下：

```
while (1)
{
/* USER CODE END WHILE */

/* USER CODE BEGIN 3 */

    //M 亮低电平,M 不亮高电平

    if((L1==0)&&(L2==0)&&(R1==0)&&(R2==0))
      run=1;
    if(run==1)
    {
      if(room==1)
      {
        search_line(250,100);
        turn_left(1);
        turn_round(2);
        turn_right(3);
```

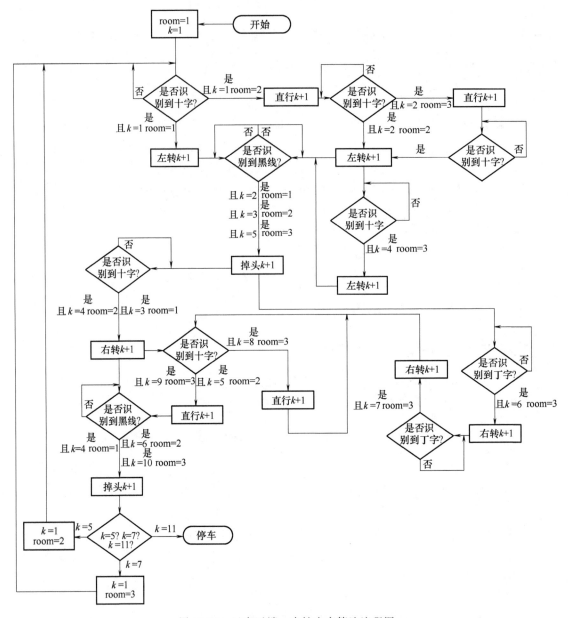

图 10-38 远中近端一次性走完算法流程图

```
        turn_round(4);
        if( k == 5 )
        {
            k = 1;
            room = 2;
        }
    }
    if( room == 2 )
```

```
{
    search_line(250,100);
    if((R1==1)&&(R2==1)&&(L1==1)&&(L2==1)&&(M==1)&&(k==1))
    {
        k+=1;
        HAL_Delay(time);
    }
    turn_left(2);
    turn_round(3);
    turn_right(4);
    if((R1==1)&&(R2==1)&&(L1==1)&&(L2==1)&&(M==1)&&(k==5))
    {
        k+=1;
        HAL_Delay(time);
    }
    turn_round(6);
    if(k==7)
    {
        k=1;
        room=3;
    }
}
if(room==3)
{
    search_line(250,100);
    if((R1==1)&&(R2==1)&&(L1==1)&&(L2==1)&&(M==1)&&(k==1))
    {
        k+=1;
        HAL_Delay(time);
    }
    if((R1==1)&&(R2==1)&&(L1==1)&&(L2==1)&&(M==1)&&(k==2))
    {
        k+=1;
        HAL_Delay(time);
    }
    turn_left(3);
    turn_left(4);
    turn_round(5);
```

```
turn_right_plus(6);
turn_right_plus(7);
if((R1==1)&&(R2==1)&&(L1==1)&&(L2==1)&&(M==1)&&(k==8))
{
    k+=1;
    HAL_Delay(time);
}
if((R1==1)&&(R2==1)&&(L1==1)&&(L2==1)&&(M==1)&&(k==9))
{
    k+=1;
    HAL_Delay(time);
}
turn_round_plus(10);
        }
    }
}
```

10.5.4 霍尔编码器车速检测

采用霍尔编码器对车轮速度进行检测，利用定时器单位时间读取编码器计数，返回相应的速度值。

代码如下：

```
int Read_Encoder(u8 TIMX)
{
int Encoder_TIM;
switch(TIMX)
{
case 2:
Encoder_TIM = (short)TIM2-> CNT; TIM2-> CNT=0;
break;
case 3: Encoder_TIM = (short)TIM3-> CNT; TIM3-> CNT=0;
break;
case 4: Encoder_TIM = (short)TIM4-> CNT; TIM4-> CNT=0;
break;
default: Encoder_TIM=0;
}
return Encoder_TIM;
}
```

其中 Encoder_TIM 为返回的速度值。

10.5.5 电动机差速控制转向

通过车身转角和设定的车速值计算出左右后车轮的转速期望值，采用的运动数学模型如下：

$$Target\_A = Velocity * (1 + T * tan(angle)/2/L);$$
$$Target\_B = Velocity * (1 - T * tan(angle)/2/L);$$

其中 angle 为车身转角，Velocity 为设定的车速值，L 为轴距，Target_A 为左后车轮转速期望值，Target_B 为右后车轮转速期望值。

采用增量式 PI 控制器，在速度控制闭环系统里面使用 PI 进行车轮转速的控制，$Pwm += Kp[e(k) - e(k-1)] + Ki * e(k)$，采用的 PI 算法如下：

```
int Incremental_PI_A (int Encoder, int Target)
{
static int Bias, Pwm, Last_bias;
Bias = Target-Encoder; //计算偏差
Pwm += Velocity_KP * (Bias-Last_bias) + Velocity_KI * Bias; //增量式 PI 控制器
Last_bias = Bias; //保存上一次偏差
return Pwm; //增量输出
}
int Incremental_PI_B (int Encoder, int Target)
{
static int Bias, Pwm, Last_bias;
Bias = Target-Encoder; //计算偏差
Pwm += Velocity_KP * (Bias-Last_bias) + Velocity_KI * Bias; //增量式 PI 控制器
Last_bias = Bias; //保存上一次偏差
return Pwm; //增量输出
}
```

其中，Bias 为本次偏差，Last_bias 为上一次的偏差，Pwm 为增量输出，Encoder 为编码器测量值，Target 为目标速度。

10.6 系统测试及结果分析

10.6.1 系统指标参数

系统指标参数有：12V-5V 稳压模块输出电压、高精度电阻电压测量模块测量电压、编码器反馈速度值、编码器反馈距离值、后轮差速值。

10.6.2 测试内容与方法

当使用电池为 Li-Po 电池电芯为 3S 时，高精度电阻电压测量模块测量电压值如表 10-1 所示。

表 10-1　高精度电阻电压测量模块测量电压值

电压值/V	万用表 1 测量值/V	万用表 2 测量值/V	高精度电阻电压测量模块测量电压值/V
12.6	12.6	12.6	12.6
12.2	12.2	12.2	12.2
11.8	11.8	11.8	11.8
11.4	11.4	11.4	11.4
11.0	11.0	11.0	11.0

编码器反馈距离值如表 10-2 所示。

表 10-2　编码器反馈距离值

转速/(脉冲/s)	实际距离/m	编码器反馈距离/m	脉冲数/个	差值/m
500	11.01	11.00	5508	0.01
1000	11.02	11.00	5515	0.02
1500	11.04	11.00	5518	0.04
2000	11.05	11.00	5520	0.05
2500	11.06	11.00	5524	0.06
500	2.02	2.00	11013	0.02
1000	2.04	2.00	11019	0.04
1500	2.06	2.00	11024	0.06
2000	2.07	2.00	11018	0.07
2500	2.05	2.00	11020	0.05

电动机差速计算如表 10-3 所示。

表 10-3　电动机差速计算

旋转角度/rad	左轮转速/(脉冲/s)	右轮转速/(脉冲/s)	左轮实际转速/(脉冲/s)	右轮实际转速/(脉冲/s)
0	500	500	495	495
$\dfrac{\pi}{6}$	550	480	545	470
$-\dfrac{\pi}{6}$	480	550	471	548
$\dfrac{\pi}{4}$	590	400	600	395
$-\dfrac{\pi}{4}$	400	590	398	586

10.6.3　测试结果分析

（1）高精度电阻电压测量模块

测试该模块时，使用两个万用表分别测量其电压与其原本的输出值，并进行对比。由表 10-1 中的结果可以看出，对 3S 电芯的 Li-Po 电池进行电压测量时，从 12.6V 到 11V，万用表 1、万用表 2 以及高精度电阻电压测量模块测得的值完全相同。说明该模块的性能能够满足常用电压范围内的测量精度要求，符合使用条件。

（2）编码器反馈距离值

由表 10-2 的测试结果可知，低速情况下小车移动的实际距离与编码器反馈的数据非常接近。而当速度提高至一定值时，小车移动的实际距离与编码器反馈的数据逐渐产生误差。例如，当编码器反馈的距离为 11m 时，低速情况下小车的实际移动距离为 11.01m，而以较高速度测试时，小车的实际移动距离达到 11.06m，误差达到了 6cm。并且通过以上的数据可以看出，小车移动的距离越远，通过编码器得到的距离误差就越大，但产生的误差是在性能指标范围之内，可以满足要求。

（3）电动机差速计算

已知车身转角 δ 和设定的车速值 v，利用纵向平移速度 v_1、v_r 的计算公式（10-7）和式（10-8）计算出左右后车轮的转速期望值为

$$v_1 = v[1 + d\tan\delta/(2L)] \qquad (10\text{-}7)$$

$$v_r = v[1 - d\tan\delta/(2L)] \qquad (10\text{-}8)$$

采用增量式 PI 控制器，在速度控制闭环系统里面使用 PI 进行车轮转速的控制，其中偏差值 e 是电动机的目标转速值和实际编码器测得的转速值的差值，计算公式为

$$n = K_p[e(k) - e(k-1)] + K_i e(k) \qquad (10\text{-}9)$$

将计算出的理论上的目标值与实际测得的实际值进行比较，脉冲差值在 20 个脉冲以内，符合性能指标范围，并且误差较小，可以符合实际电动机驱动要求。

本 章 小 结

智能送药小车系统是基于 ST 公司的 STM32F103C8T6 驱动控制系统，实现小车携带药物到达指定病房。本系统的组成主要包括：STM32F103C8T6 微控制器、电动机驱动模块、DC-DC 稳压模块、灰度传感器循迹检测模块、电动机转速测量模块。A4950 电动机驱动模块利用 PWM 技术实现对电动机的速度控制；DC-DC 稳压模块将锂电池输入电压分别稳压于 5V 和 3.3V；循迹检测模块采用灰度传感器进行地面红线检测；电动机转速测量模块采用霍尔编码器测量电动机转轴位移实现。在这些硬件设计的基础上，提出各类软件设计方案且利用 PID 算法等对小车运动进行控制，实现对小车在自动循迹、自动入库过程中的精准控制。

第11章　同步循迹小车

11.1　任务要求

智能循迹车在实验室甚至实际生活中都已经有着普遍的研究和应用，并且已经取得可观的成果，如当前非常受关注的智能化无人停车场的智能拖车、无人驾驶汽车等，在高等学校的电子信息、自动控制类专业学生的课程实践中，其简化模型——智能循迹车是一个热门的研究课题。

该电子系统综合实践课程需要独立完成一组（2~3个）同步循迹小车的制作与控制，制作的循迹小车能够按照要求完成从"开始"到"终点"的所有路程。同步循迹小车跑道示意图如图11-1所示。

具体要求：

1）A、B或者A、C两辆小车同时沿着轨迹顺利跑满一圈。

2）A、B或者A、C两辆小车沿着轨迹运动过程中要保持同步，如果是A、C两辆小车一起跑，A、C不撞车，且能始终保持两车车间距10~15cm；如果是A、B同时跑，A、B并排行驶，两车车头位置最大允许10cm的偏差。

3）车间通信选用无线通信模式。

4）小车速度控制采用闭环控制。

5）按照要求完成课程设计报告的撰写。

6）完成答辩环节。

7）发挥部分1：如果A、B、C三辆小车同时完成以上功能，加10分，最多加到满分。

8）发挥部分2：如果采用光电传感器矩阵检测轨迹方式，加10分，最多加到满分。

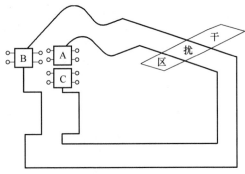

图11-1　同步循迹小车跑道示意图

11.2　系统设计方案

如图11-2所示为工程管理图，本设计经过查阅资料，将理论知识和实践条件相结合，

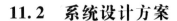

拟定了系统性的设计方案。总体方案既继承了以往的成熟技术，如传统的驱动电路方案，同时又有一定的自主设计和创新，如"基于74LS165的对矩阵数据的串行读取方案"。在方案的制作过程中采用严密的组织原则，如采取严格的"芯片测试""模块测试""系统调试"以及"样车实验修正设计方案"等工序，使整个制作测试过程井然有序，保证了课题进度快速高质量的推进。

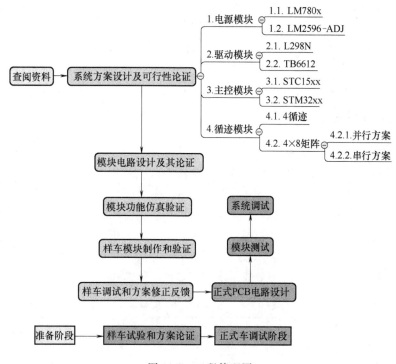

图 11-2 工程管理图

11.2.1 循迹模块方案

方案1：4红外对管循迹。

4红外对管循迹方案是设计智能循迹车中的常用方案，其电路设计简洁，程序算法简单，在电子、控制类专业学生的实践中备受喜爱。在辨别基本的"十字轨道""直角轨道""弧度弯道"时，其可靠性已经得到了充分的验证，但是面对复杂轨道路况时，理论上其辨别能力有限，也很难再提高。此外，该方案能够获取的信息量过少，且空间离散化严重，导致循迹车无法平稳前进。

方案2：$M×N$ 红外对管矩阵循迹。

提高获取的信息量是提高和优化系统分辨、识别性能的有效途径。$M×N$ 红外对管矩阵能够获得大量信息，在面对复杂轨道路况时，理论上其辨别能力和稳定性可以得到极大提高。该方案按照读取数据的方式不同分为如下两种：

方案2.1：并行读取数据——锁存器方案。

74HC573是拥有八路输出的透明锁存器，输出为三态门，是一种高性能硅栅CMOS器件。当 $M=8$、$N=k$ 时，其输入引脚分别为1位锁存控制、k 位片选控制、8位输出引脚，共

$k+9$ 只引脚。一个数据读取周期获得 8 位数据，获取全部数据需要 k 个读取周期。

方案 2.2：串行读取数据——并入串出移位寄存器方案。

74LS165 是 8 位并入串出移位寄存器。当 $M=8$、$N=k$ 时，其输入引脚分别为 1 位时钟引脚、1 位移位控制引脚、k 位输出引脚，共 $k+2$ 只引脚。一个数据读取周期获得 k 位数据，获取全部数据需要 8 个读取周期。

综上，当 $k<8$ 时，方案 2.1 具有数据读取速度较快的优点，但需要占用较多 I/O 资源。方案 2.2 具有占用 I/O 资源较少的优点，但读取速度较慢。

当 $k>8$ 时，方案 2.1 数据读取速度较慢，且占用 I/O 资源较多。方案 2.2 数据读取较快，且占用 I/O 资源较少。

因此本设计选用方案 2.2。

11.2.2 驱动模块方案

方案 1：TB6612FNG 驱动模块。

如图 11-3 所示，TB6612FNG 是一款新型驱动器件，能独立双向控制两个直流电动机，理论持续工作电流为 1.2A，峰值电流为 3.2A。它具有很高的集成度，在集成化、小型化的电动机控制系统中应用较广。TB6612FNG 逻辑表如表 11-1 所示。其中，IN1、IN2 为输入端；H 表示高电平，L 表示低电平；PWM 表示脉宽调制；STBY 为工作模式控制端，低电平低于待机或停止工作模式。

图 11-3　TB6612FNG 驱动模块

表 11-1　TB6612FNG 逻辑表

输入				输出		
IN1	IN2	PWM	STBY	01	02	模式状态
H	H	H/L	H	L	L	制动
L	H	H	H	L	H	反转
L	H	L	H	L	L	制动
H	L	H	H	H	L	正转
H	L	L	H	L	L	制动
L	L	H	H	OFF		停止
H/L	H/L	H/L	L	OFF		待机

方案 2：L298N 驱动模块。

图 11-4 所示是 L298N 驱动模块，该模块使用 ST 公司的 L298N 作为主驱动芯片，是一种高电压、大电流电动机驱动芯片，内含两个 H 桥的高电压大电流全桥式驱动器，可以用来驱动直流电动机和步进电动机、继电器线圈等感性负载。其具有驱动能力强、发热量低、抗干扰能力强的特点，持续工作电流为 2A，峰值电流为 3A。该模块使用了大容量滤波电容，续流保护二极管，大大提高了可靠性。L298N 逻辑表如表 11-2 所示，其中 ENA、ENB 为芯片的使能端。

图 11-4　L298N 驱动模块

表 11-2 L298N 逻辑表

直流电动机	旋转方式	IN1	IN2	IN3	IN4	调速 PWM 信号	
						ENA	ENB
M1	正转	高	低	—	—	高	—
	反转	低	高	—	—	高	—
	停止	低	低	—	—	高	—
M2	正转	—	—	高	低	—	高
	反转	—	—	低	高	—	高
	停止	—	—	低	低	—	高

方案 2 具有良好的电路保护功能，能够有效提高系统的稳定性和安全性。本设计主要考虑稳定性和可靠性，对驱动模块尺寸无要求。因此，综上考虑，本设计选用方案 2。

11.2.3 电源模块方案

方案 1：LM78xx 系列稳压管。

如图 11-5 所示，LM78xx 稳压管是常用的线性稳压器，用其组成的稳压电路所需的外围元件少，电路内部有过电流、过热及调整管的保护电路，使用起来可靠、方便，且价格便宜。该系列稳压管的最大输出电流为 1.5A，输出电压分别为 5V、6V、8V、9V、10V、12V、15V、18V、24V。

方案 2：LM2596 降压模块。

如图 11-6 所示，LM2596 是降压型电源管理单片集成电路的开关电压调节器，能够输出 3A 的驱动电流，同时具有很好的线性和负载调节特性。固定版本的输出电压有 3.3V、5V、12V，可调版本可以输出小于 37V 的各种电压。其具有高效率、大电流、低波纹的特点。

图 11-5 LM78xx 稳压管

图 11-6 LM2596 降压模块

考虑到本设计中电动机、矩阵对管等的使用导致系统电流较大，因此选用可提供更大电流的方案 2。

11.2.4 主控模块方案

方案 1：STC15W 增强型 51 系列单片机。

如图 11-7 所示，STC15W 增强型 51 系列单片机是 STC 生产的单时钟/机器周期（1T）的单片机，速度比普通 51 系列单片机快 8～12 倍，具有丰富的片内资源，价格适中。其具有开发周期短、性价比高等的特点，非常适合中低端开发。

方案 2：STM32 系列单片机。

如图 11-8 所示，STM32 系列单片机芯片基于专门为要求高性能、低成本、低功耗的嵌入式应用设计的 ARM Cortex ®-M0、M0+、M3、M4 和 M7 内核，具有一流的内部外设、低功耗、集成度高等特点，价格较贵，适合中高端开发。

图 11-7　STC15W 增强型 51 系列　　　　　　图 11-8　STM32 系列单片机芯片（LQFP）
单片机芯片（LQFP）

综合考虑，本设计选用方案 1。

11.2.5　通信方案

方案 1：蓝牙通信。

如图 11-9 所示，BLK-MD-HC-05 蓝牙模块是专为智能无线数据传输而打造的，采用英国 CSR 公司 BlueCore4-Ext 芯片，遵循 VV22.0+EDR 蓝牙规范。其支持 UART、USB、SPI、PCM、SPDIF 等接口，并支持 SPP 蓝牙串口协议，具有成本低、体积小、功耗低、收发灵敏性高等优点，只需配备少许的外围元件就能实现强大的功能。蓝牙通信在工业遥控、遥测、交通、报警、无线数据采集等领域具有广泛的应用。

方案 2：NRF24L01 无线通信。

如图 11-10 所示，NRF24L01 是一款工作在 2.5Hz～2.5GHz 世界通用 ISM（工业、科学、医疗）频段的单片无线收发器芯片。无线收发器包括：频率发生器、增强型 SchockBurst 模式控制器、晶体振荡器、调制器、解调器。其有 126 频道，满足多点通信和跳频通信需要。

图 11-9　BLK-MD-HC-05 蓝牙模块　　　　　　图 11-10　NRF24L01 无线通信芯片

该通信方案的最高工作速率为2Mbit/s，高效GFSK（高斯频移键控）调制，抗干扰能力强，在工业控制、无人机、遥控汽车等领域具有广泛的应用。

综合考虑，本设计选用方案2作为双车之间的通信方式。选用方案1用于智能车运行过程中的状态回传，同时作为方案2的备用方案。

11.2.6 工程流程

为提高工作效率，根据系统设计方案，本设计的最终工作流程如下：

1）验证并行转串行（74LS165）及串行数据采集试验。

2）制作调试红外对管矩阵硬件及数据读取代码的模块。

3）A车循迹算法研究及代码实现。

4）绘制主控PCB、循迹模块PCB并生产。

5）焊接调试。

6）系统总调测。

7）系统调试。

8）双车协调调试。

9）报告撰写。

11.3 理论分析与计算

11.3.1 电源稳压模块功耗分析

稳压电路模块能够有效降低和稳定系统电压，但同时其自身具有一定的功耗，导致发热，当功耗过大时，极易发烫甚至烧坏芯片。

根据降压原理，假设稳压模块输入电压为U_i，输出电压为U_o，负载电流为I，那么稳压管的功耗为

$$W = (U_o - U_i)I \tag{11-1}$$

本设计中由于矩阵对管和驱动电动机的存在，必将导致系统电流I较大。因此在设计过程中应该避免稳压模块功耗过大的问题，主要可以通过以下三个方面进行优化：①在满足稳压管最小工作压降的同时尽量减小压降；②对矩阵对管电路以"最低功耗"的原则进行优化设计，如加大LED指示灯的限流电阻等；③选用带负载能力强、性能优良的稳压模块。

11.3.2 LED限流电阻分析

为有效降低循迹模块的工作功耗，通过优化LED指示灯是其有效的一种途径。本设计采用低电流红色二极管，系统电压$U_{CC} = 5V$，其压降$U_d \approx 2.2V$，驱动电流$I < 2mA$。则其限流电阻计算公式为

$$R = \frac{U_{CC} - U_d}{I} \tag{11-2}$$

通过式（11-2）可得，限流电阻 $R > 1.6\text{k}\Omega$。同时应该对其进行实际测试，保证其在具有可见亮度的情况下限流电阻尽量大。

11.4 系统电路设计与仿真

11.4.1 主控板设计

主控板的设计思路秉承"多用""兼容"的思想，在板上集成了一些通用实验电路模块、通用接口以及下载电路等。

1. 下载电路

为方便程序下载，主控板集成了下载电路，可以通过 USB 数据线下载程序。电路图如图 11-11 所示。

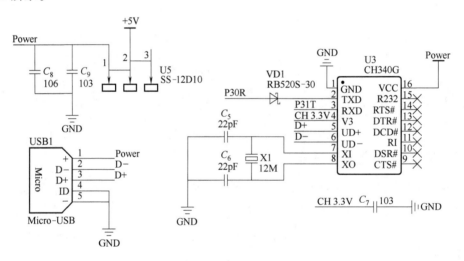

图 11-11 下载电路

2. 74LS165 实验电路模块

为兼顾学习功能，主控板搭载了 74LS165 实验电路，用于实验和验证工作，为后续的研究者提供可靠的资料和资源。电路图如图 11-12 所示。

3. LED 指示灯、四按键电路

通用 LED 电路、四按键电路可用于其他功能，从而提高板子的多样性、兼容性。电路图如图 11-13 所示。

4. 部分接口

主控板为外界提供了 USB 供电兼程序下载接口、蓝牙模块接口、NRF24L01 模块接口、OLED 显示器接口、I/O 引脚外用接口等，以便使用者可以外接扩展。电路图如图 11-14 所示。

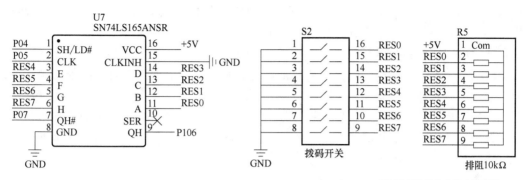

图 11-12　基于 74LS165 的并转串实验电路

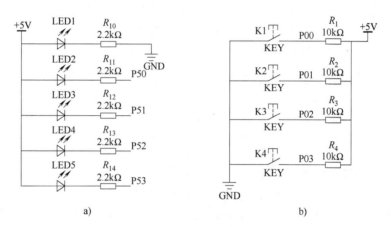

图 11-13　LED 指示灯、四按键电路图

a）LED 电路　b）四按键电路

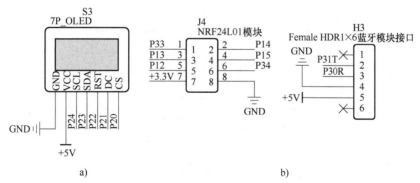

图 11-14　主控板部分外接接口电路图

a）OLED 显示器接口　b）无线及蓝牙模块接口

11.4.2　循迹电路板设计

循迹电路板使用 4×8 红外对管矩阵、LED 指示灯输出状态，通过比较器 LM339 输出比

较结果给 74LS165，74LS165 将每 8 个并行输出结果转为 1 路串行信号，共将 32 个状态信号输出结果分为 4 路串行信号输出，供外部读取。

1. LM339 比较器电路设计

LM339 是一种开漏输出的四比较器集成芯片，输出引脚加上拉电阻。红外对管发射红外光信号，当遇到黑色物体时，红外光被吸收，遇到白色物体时，红外光返回，使接收管两端压降发生变化，使引脚 4 的电平发生变化。该变化经比较器与滑动变阻器的电平进行比较放大后输出，外部可以获取该信号，进而区别黑色的轨道和白色的地面。LED 指示灯可直观监测输出状态。电路图如图 11-15 所示。

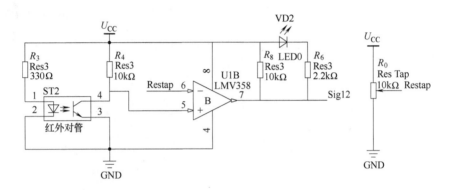

图 11-15　比较器电路图

2. 74LS165 数据采集电路设计

串行输出口在移位/植入（引脚 SH/LD）为低电平时，并行数据（A～H）被置入寄存器，第一位为最高位。引脚 SH/LD 拉高后在每个时钟（引脚 CLK）的上升沿进行移位。在读取数据时，当引脚 SH/LD 拉高之后首先读取第一位，然后依次进行 7 次脉冲移位、读取数据，便可以获取全部的 8 位数据。当信号输出为 01110010B 时，其对应时序如图 11-16 所示。

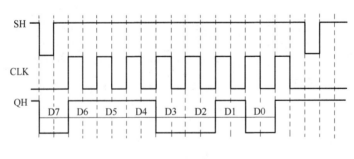

图 11-16　时序图

3. 74LS165 数据采集电路仿真

设置输入端信号为 11011010B，引脚 SH/LD 接示波器通道 2，CLK 接通道 3，串行数据输出引脚 QH 接通道 1。仿真图如图 11-17 所示，由图 11-18 所示的仿真结果可以看到输出数据为 11011010B。

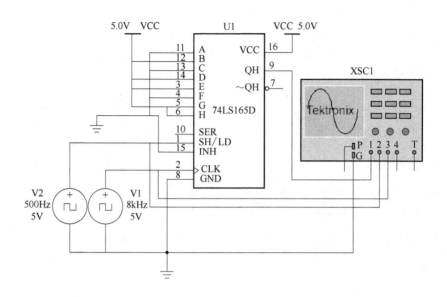

图 11-17　仿真图

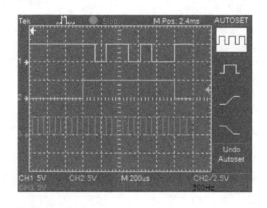

图 11-18　仿真结果

4. 循迹电路板接口

74LS165 的输出引脚 QH1～QH4、引脚 SH/LD、引脚 CLK 以及电源引脚均外接。

11.4.3　驱动电路设计

驱动电路采用模块设计，这里对其原理进行探讨，并进行仿真验证。

1. 驱动电路设计

驱动电路的设计基于 L298N 芯片，并增加续流二极管保护电路和电容滤波。电路原理图如图 11-19 所示。

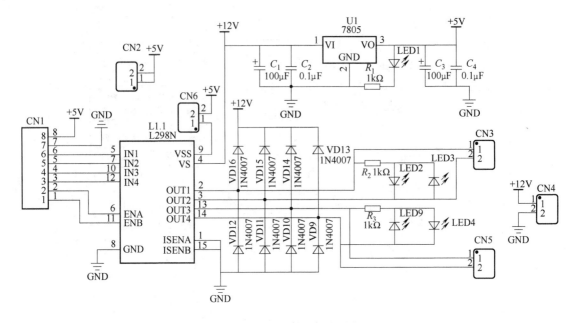

图 11-19　驱动电路原理图

2. 驱动电路仿真

输入端 IN1 为高电平、IN2 为低电平、IN3 为高电平、IN4 为低电平，使能端 ENA 和 ENB 均为高电平。仿真电路如图 11-20 所示，可见两个电动机均正转。

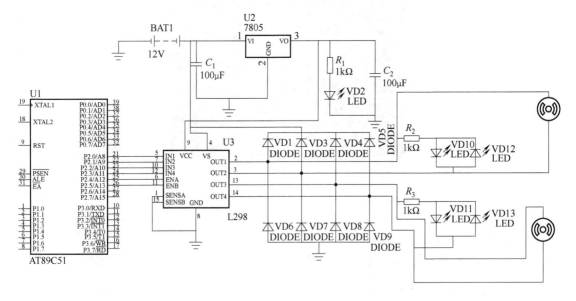

图 11-20　驱动电路仿真

3. 驱动电路接口

驱动电路为外界提供驱动电源输出接口，5V 电源输出接口，两路电动机的输入接口 IN1、IN2、IN3、IN4、ENA、ENB，电动机的输出接口 OUT1、OUT2、OUT3、OUT4。

11.4.4 稳压电路设计

将基准电压连接比较器的负输入端，分压电阻网络连接其正输入端，对分压电阻网络的输出电压和内部基准稳压值进行比较，若检测到电压有差值，则通过放大器调节芯片内部振荡器的输出占空比，从而稳定输出电压。电路图如图 11-21 所示。

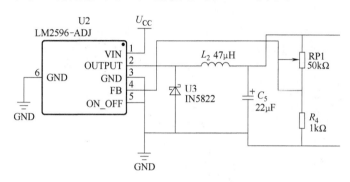

图 11-21　LM2596 稳压电路图

LM2596 的电源输出引脚、稳压电源输入引脚均外接。

11.4.5 总连接图

总连接图如图 11-22 所示，电池供电给降压模块 LM2596，降压模块连接驱动模块，驱动模块接左右轮的两个电动机并为主控单元供电。驱动模块、循迹模块、蓝牙模块均与主控单元连接。

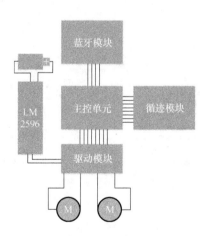

图 11-22　硬件电路总连接图

11.4.6 系统电路 PCB 设计

在嘉立创 EDA 中新建工程，放置需要的元件，用导线连接各个元件得到多用主控板原理图，如图 11-23 所示。

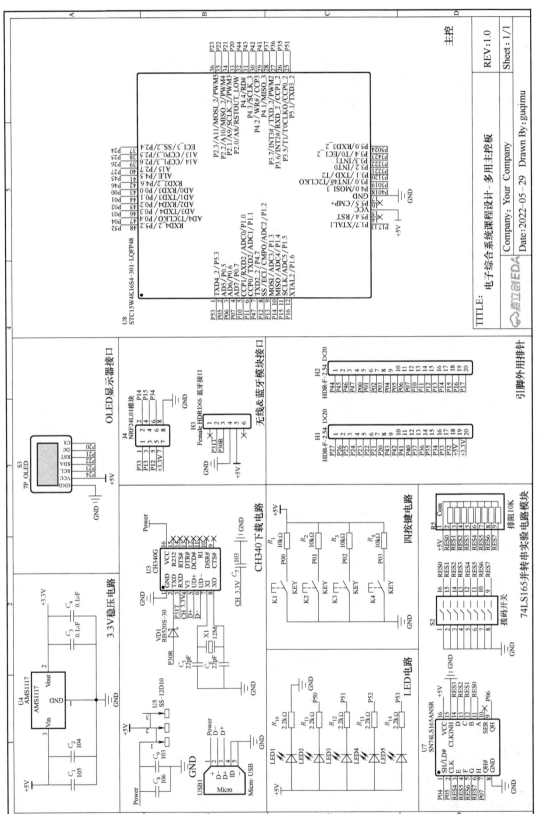

图 11-23 多用主控板原理图

通过自动布线和手动布线相结合的方法，合理布局元件，将原理图转为 PCB 图，如图 11-24 所示。

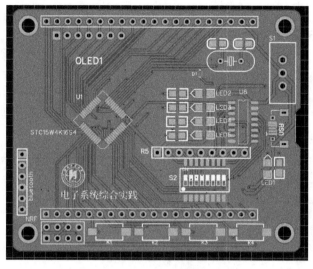

图 11-24　多用主控板 PCB 图

11.5　系统软件设计

软件在嵌入式控制系统中占有极其重要的地位，它极大地影响了系统能否发挥很好的硬件性能。本系统设计使用 Keil4 编译器，通过 C 语言编写控制程序。此外，项目设计者使用 MATLAB 辅助进行算法优化。

11.5.1　语言系统控制程序

C 语言具有简洁紧凑、灵活方便、运算符丰富、数据结构丰富、适用范围大、可移植性好等优点。在嵌入式开发工程中，C 语言的运用比较普遍。

1. 74LS165 数据读取程序设计

根据 74LS165 的工作原理可知，引脚 SH/LD 控制其并行数据移位进入寄存器，并在引脚 CLK 的 7 个周期后将数据全部移出。

数据获取尤为重要，为保证能够及时地读取到数据，项目设计者将数据读取放在定时器中进行操作。接下来仅以读取一片 74LS165 芯片数据的程序进行讲解。如图 11-25 所示，在程序允许进行读取数据时，将引脚 SH/LD 拉高，此时并行数据进入寄存器，并且最高位已经在输出引脚输出。首先将 74LS165 芯片输出引脚的数据进行解压，并通过移位操作压缩进入输出缓存数组，如此循环直到把 8 位数据全部读取并压缩进缓存数组，最后将其进

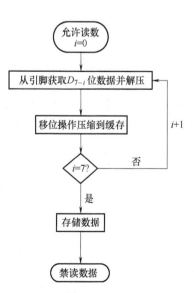

图 11-25　74LS165 数据
读取的程序逻辑图

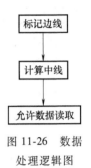

图 11-26 数据
处理逻辑图

行存储或者刷新数据存储数组，并禁止数据读取。需要解释的是，禁止数据读取是要等待本次数据被使用之后再进行下一轮的数据获取，以使数据读取利用率最大化，减少不必要的数据获取。

2. 数据处理程序设计

如图 11-26 所示，数据处理程序中主要进行边线标记和轨道中线计算。如果左右两列传感器检测到轨道，则做出标记，为行车提供信息。计算出轨道中线，并与小车中线进行比较，驱动小车以使小车中线和轨道中线重合。

其中，轨道中线计算的算法如下：

定义从第 1 列到第 8 列的列标号为 0~7，对每一行数据进行判断，将其感应到的所有的轨道对管的列标相加，整除其数量，如果商为小数，则整数位进一，即可得到中线。

3. 行车算法程序设计

本设计创新并优化了行车算法。在行车算法中，输出由 4 个 PWM 参量调节，分别为：①基础速度；②两轮差速；③与轨道偏差负相关的基础速度量；④整体调节差速。

其中，基础速度为两轮的共有值，起到驱动电动机的作用。两轮差速是由第一行的中线偏差得到的映射。与轨道偏差负相关的基础速度量为两轮的公有值，起到在不同轨道情况下调节车速的作用，使之直道快，弯道慢。整体调节差速是通过计算轨道的整体总偏差乘以系数得到的，当小车在弯道或直道发生偏离时，能够起到缓慢的调节作用，辅助两轮差速参量进行微调。数据处理逻辑图如图 11-27 所示。

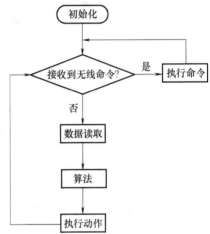

图 11-27 数据处理逻辑图

11.5.2 MATLAB 算法仿真程序

通过 MATLAB 建立算法关系绘制图像可以直观地对各个偏差下的左右轮的输出值进行观察，以辅助调试参数。

算法相关参数定义如下：

Speed_Base：基础车速向量，起辅助驱动作用。

Base_Bias_Speed：基础偏差速度向量，这是一个和偏差负相关的量，作用是根据偏差调节车速，使之能够高效行进。

Dif_Speed：差速向量，起调节偏差作用。

算法公式为：

$$Speed\_A = Speed\_Base + Base\_Bias\_Speed + Dif\_Speed$$
$$Speed\_B = Speed\_Base + Base\_Bias\_Speed$$

式中，Speed_A、Speed_B 分别为左轮和右轮的 PWM 值。

如图 11-28 所示，绘制了 "Speed_A" "Speed_B" "Base_Bias_Speed" "Dif_Speed" 的关系曲线。图中横轴表示传感器检测到的中线偏差。随着偏差（横轴）变大：

1）左、右轮（A、B）差速（Dif）变大，以尽可能调整车身居中。

2）基础偏差速度（Base_Bias）变小，其与偏差负相关，车身偏差变大。因此可以实现"偏差越大，速度越慢，偏差越小，车速越快"的作用。

3）最终作用到 A、B 两轮的 PWM 值见图中 A、B 曲线，可以看到在车身偏离中线不同程度下的左、右轮的反应行为。

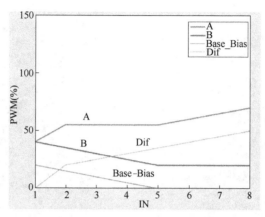

图 11-28　MATLAB算法仿真

11.6　系统测试

11.6.1　74LS165 测试验证

在 74LS165 芯片输入端输入 10100010B，将 QH 接示波器的通道 1，引脚 SH/LD 接示波器的通道 2，得到如图 11-29 所示结果；将 QH 接示波器的通道 1，引脚 CLK 接示波器的通道 2，得到如图 11-30 所示结果。

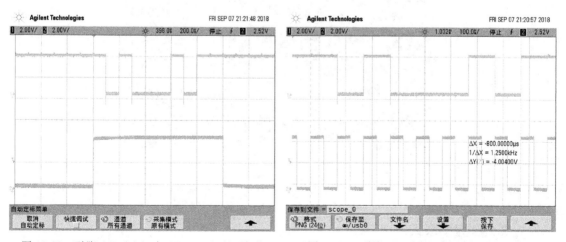

图 11-29　引脚 QH（上）与 SH/LD（下）波形　　　图 11-30　引脚 QH（上）与 CLK（下）波形

可见，输出串行结果与输入并行数据结果一致，有效验证了 74LS165 并行转串行方案在实践上的可行性和可靠性。

11.6.2 循迹模块测试

循迹模块是关键的一块部件，在试验板制作完成后，应对其进行测试。循迹模块实物图如图11-31、图11-32所示。

图11-31 样车循迹模块实物1

图11-32 样车循迹模块实物2

实际在轨测试如图11-33所示，通过指示灯发现，图中点阵左下角有一处故障，经检查，系虚焊导致，进而排除了故障。

图11-33 在轨测试

11.6.3 数据读取试验

样板制作完成并初步测试后，研究其模块测试代码，并成功读取数据。步骤为：通过遮挡将数据状态置于如图11-34所示状态，读取数据结果如图11-35所示，四行分别为0X0E、0X1F、0X7F、0X7F，可见数据读取无误。

图 11-34 输入状态

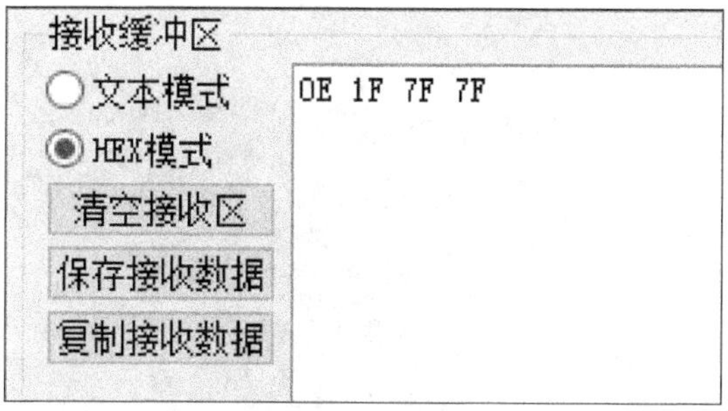

接收缓冲区
○ 文本模式
● HEX模式
清空接收区
保存接收数据
复制接收数据

OE 1F 7F 7F

图 11-35 读取结果

11.6.4 样车系统测试

样车（如图 11-36、图 11-37 所示）系统测试主要作为理论验证，并及时地发现设计中的问题，为正式车提供可靠的理论和经验支持。经过验证，样车基本达到要求，同时也发现了设计中的很多问题。例如，循迹模块中 LED 指示灯的限流电阻不恰当，导致其功耗过大；样车采用的 LM7809、LM7805 稳压电路带负载能力弱，尤其是在系统功耗较大的情况下，发热尤为严重。

图 11-36 样车实物图（侧视图）

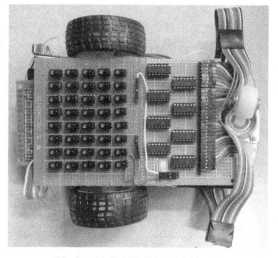

图 11-37 样车实物图（底视图）

11.6.5 正式车测试

在经过样车测试之后，项目设计者对部分设计方案、细节进行了改进并绘制了 PCB 图，修补了样车设计漏洞，也大大提高了硬件系统的稳定性。正式调试的小车如图 11-38 和图 11-39 所示。

1. 系统性能参数定义

系统性能参数定义如下：

偏差 δ：中线距离的数量之和。其中 δ_{max} 为最大距离，δ_{ave} 为平均距离，δ_{min} 为最小距离。

图 11-38　正式车实物图（侧视图）

图 11-39　正式车实物图（底视图）

检测时间 t_1：检测到轨迹的时间与做出判断所用的时间之和。

修正时间 t_2：在系统正常运行下，当偏差 ≥ 2 时，修正到偏差 ≤ 2 所用的时间。

通过成功率 η_1：系统正常运行情况下，一次性通过的概率。

通信成功率 η_2：通信不断线时，正确传输和接收的概率。

2. 测量方法

检测时间由代码完成读取数据、数据处理、决策、执行的一系列动作的速度决定。因此，通过对代码运行时间的调试测试可以得到检测时间。

偏差数据是通过将代码中记录的大量数据在串口输出并处理后得到的。

修正时间是通过人为多次观察计时得到的，因此该项数据仅供参考。

3. 测量结果

表 11-3 是经过系统测试得到的测量结果。

表 11-3　测量结果

项目	性能参数						
	t_1/ms	t_2/s	$\delta_{\max}$	$\delta_{\min}$	δ_{ave}	η_1	η_2
直道	<100	<0.5	4	0	1.12	99.99%	99.94%
缓弯道	<100	<0.5	5	1	2.31	99.98%	99.94%
直角	<100	<1.5	—	—	—	96.40%	99.94%
十字	<100	<0.5	2	0	0.67	99.74%	99.94%

11.6.6　测试结果分析

在功能上，测试结果表明该设计满足课程设计的"沿着轨迹顺利跑满一圈"的要求，并且为后车留下了接口，即具有通过"无线通信"进行双车协调的功能，具备了满足配合后车进行联调的功能条件和性能条件。

在性能上，通过表 11-3 或者观察小车运行状态可以发现，在直道和缓弯道项目上具有很小的偏差，并且能够很快修正，即具有很好的运行稳定性。这点得益于本设计对算法的创新，算法中有一项"总体调整参数"参与调节，这项参数是通过计算小车中线两边黑线的整体分布，并对其进行以"轨道与小车中线重合"为目标的修正得到的。

本 章 小 结

本章针对"同步循迹小车"的项目，从创新性、训练性、学习性、探索性、研究性的角度出发，制定了以"学习、探索、创新"为主、综合考虑开发成本、实现项目基本任务为向导、坚持创新驱动的研究方案。

在本项目中，通过项目方案设计，使 A、B 两辆小车前后同时前进，A、B 不撞车，且能始终保持两车间距在 10~15cm 范围内。A 车作为主车，搭载循迹模块沿轨道低速前进，主要负责带路。B 车作为从车，搭载舵机超声波扫描确定 A 车在以 B 车为原点的二维坐标，以舵机角度和测距结果驱动 B 车以 10~15cm 的距离范围跟随 A 车。A、B 车之间能够通过蓝牙进行无线通信，继而辅助双车之间的协调运作。

本项目通过对硬件创新来提高信息获取量，对软件创新来优化算法，探索了智能循迹车在循迹方面大幅提高其性能的方法，并在一系列实验和试验使中得到了可靠验证。最终的试验测试结果表明，循迹车能够更加稳定可靠地在复杂路况中行走，并且两车保持同步行走状态，验证了本研究内容在提高循迹车性能方面的有效性和可行性。

第12章　WiFi语音气象站

WiFi 语音气象站主要由 ARM 内核 MCU（Cortex-M 系列）控制板、TFT LCD 屏、WiFi 模组及语音播报芯片等几部分构成。其中 MCU 控制板既可以单独拿下来作为开发板使用，也可以安装到项目中作为控制板使用，提高其使用率；同时 MCU 控制板支持二次开发，用户可以自己编写相关代码，驱动 WiFi 模组，连接气象服务器，获取当地天气；还可以通过温湿度传感器采集当前室内的温湿度值，并在 LCD 屏上显示；通过语音播放模块可以进行语音播报；还可以使用电池供电，方便维护和使用。WiFi 语音气象站结构框图如图 12-1 所示。

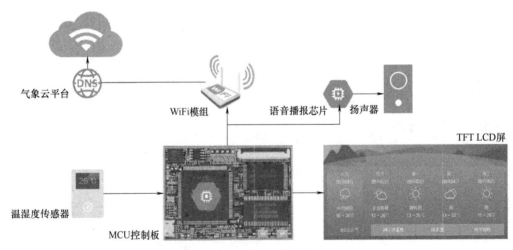

图 12-1　WiFi 语音气象站结构框图

12.1　任务要求

项目"WiFi 语音气象站"利用目前热门的 ARM 系列微控制器、传感器、WiFi 模组、云服务器、JSON 数据格式、LCD 屏以及语音播报芯片等实现如下任务：

1）完整的物联网框架体系（微控制器+传感器+无线通信+云服务）

2）底层微控制器采用 ARM 系列微控制器，处理响应速度快，稳定性好，功耗低。

3）采用 WiFi 联网，支持一键配网功能。

4）人机交互采用 LCD 屏和语音播报等功能，增加其互动性。

5）实现利用 WiFi 连接云服务和 HTTP（超文本传输协议）获取天气数据。

6）实现 JSON 数据格式以及嵌入式底层 JSON 数据格式的解析。

12.2　系统设计方案

WiFi 语音气象站是一个室内的桌面天气小助手，其主要功能是通过 WiFi 从气象服务器上获取天气数据，并将未来 3 天的天气数据以及实时的天气数据在 LCD 屏幕上显示出来，也可以自动或手动播报。同时，WiFi 语音气象站也是一个桌面小时钟，可以显示当前的日期和时间、设置闹钟、获取室内环境数据等。WiFi 语音气象站可以通过小程序或 APP 进行 WiFi 名字和密码的配置，可以进行城市位置、闹钟时间的设置；设置后的 WiFi、城市、闹钟信息通过 Flash 进行数据保存。

WiFi 语音气象站具有播报天气信息、时间信息以及闹钟提醒等功能。例如，通过 WiFi 连接外网，获取天气数据；CJSON（一个使用 C 语言编写的 JSON 数据解析器）数据格式解析，解析天气数据；使用温湿度传感器获取本地温度和湿度；使用 MCU 自带 RTC 功能制作日历时钟；使用 WiFi 获取网络时间用于上电校准本地时间；语音播报为手动播报，手动播报需要按下按键才能播报；WiFi 配置过程中 LCD 屏幕有相关的操作提示；LCD 屏幕上实时显示获取所设城市的天气状况及本地环境数据，并根据获取的天气和室内环境数据显示穿衣指南、防晒指南等信息，还可以实时显示当前时间；存储 APP 的设置信息；识别用户语音，并根据语音执行相应功能。

该气象站将使用 STM32F103RCT6 作为主控芯片，ESP8266 作为 WiFi 模块连接互联网获得当地的气象数据。温湿度数据由板载 DHT11 温湿度传感器测得并通过单总线通信将获得的温湿度数据传回主控。以 STM32 内置的 RTC 实时时钟作为气象站的时间信息来源，在相应的软件配置下，可以提供日历的功能。LCD 屏幕与主控之间通过 SPI 通信，可以将获得的天气、时间等信息实时显示在 LCD 屏幕上。语音识别模块采用 SU-03T，语音识别关键词与格式可以提前定义好，当识别到相应的关键词之后可以播放出相应的所需要的信息。语音播报采用 MY1680 模块，将提前准备好的 MP3 文件或 WAV 文件存放至板载 TF 卡中，当需要播报时主控从 TF 卡中将文件读出并传送至 MY1680 进行播报。

12.3　系统电路设计与仿真

12.3.1　主控芯片介绍

STM32 是 ST 公司采用 ARM 公司设计的内核所设计的一系列 32 位单片机芯片。开发时需要参考手册、数据手册、固件库使用手册等作为参考资料。

STM32F103RCT6 芯片为 STM32 基础型 64 引脚 256KB 容量 LQFP-64 封装的芯片，其资源有：

1）内核为 ARM32 位的 Cortex-M3。

2）最大工作频率为 72MHz。

3）存储器包括：256KBFlash 和 48KBSRAM。

4）工作电压为 2~3.6V。

5）包括 3 个 ADC、2 个 DAC 转换；51 个快速 I/O 通道；8 个定时器；若干通信接口。

12.3.2 语音播报/识别

1. 语音播报模块 MY1680

MY1680 是一款由串口控制的插卡 MP3 芯片，支持 MP3、WAV 格式双解码，模块最大支持 32GB TF 卡，也可外接 U 盘或 USB 数据线连接计算机更换 SD 卡音频文件。

MY1680 芯片技术规格如表 12-1 所示，有如下特性：

1）支持 MP3、WAV 高品质音频格式文件。

2）24 位 DAC 输出，动态范围支持 93dB，信噪比支持 85dB。

3）完全支持 FAT16、FAT32 文件系统，最大支持 32GB TF 卡和 32GB 的 U 盘。

4）支持 UART 异步串口控制：支持播放、暂停、上下曲、音量加减、选曲播放、插播等。

5）ADKEY 功能，指可以通过电阻选择实现标准 MP3 功能的 5 按键控制和其他功能。

6）可直接连接耳机，或者外接功放。

表 12-1 MY1680 芯片技术规格

名　　称	参　　数
MP3、WAV 文件格式	支持采样频率 8~48kHz、比特率 8~320kbit/s 音频文件
UART 接口	标准串口，3.3V TTL 电平，波特率 9600bit/s
输入电压	3.4~5.5V
静态电流	13mA
工作温度	−40~80℃
湿度	10%~90%

2. 传输协议

数据传输格式如表 12-2 所示，数据全部为十六进制数。

表 12-2 数据传输格式

起始码	长度	操作码	参数	校验码	结束码
0X7E	见下文	见表 12-3	见表 12-3	见下文	0XEF

"长度"是指：长度+操作码+参数（有些没有参数，有些有两位参数）+校验码的个数。

"校验码"是指：长度<异或>操作码<异或>参数的值，即按顺序分别异或的值。

此款芯片文件存放根目录需以 0001xxx. MP3、0002xxx. MP3 四位数字开头命名。

表 12-3 为通信控制指令（指令发送成功返回 OK，歌曲播放完停止返回 STOP）。

表 12-3 通信控制指令

操作码	对应功能	参数（ASCK 码）
0x11	播放	无
0x12	暂停	无

（续）

操作码	对应功能	参数（ASCK 码）
0x13	下一曲	无
0x14	上一曲	无
0x15	音量加	无
0x16	音量减	无
0x19	复位	无
0x1A	快进	无
0x1B	快退	无
0x1C	播放/暂停	无
0x1E	停止	无

3. 配置语音模块

硬件接口原理如图 12-2 所示。

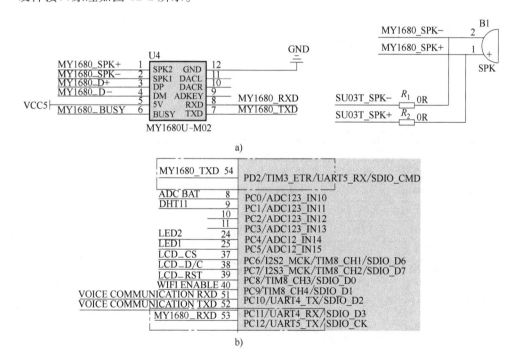

图 12-2　硬件接口原理图

1）接入 USB 线，计算机会弹出一个磁盘，将要播放的音乐文件存入，退出设备。

2）配置串口 5，用于传输数据（同串口 1）。

3）编写发送接收函数。

4）发送 MY1680 播报命令，即可播报。

4. 语音识别模块原理图

图 12-3 所示为语音识别模块硬件原理图。

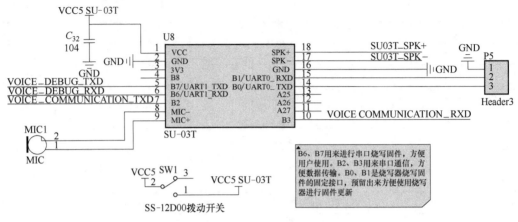

图 12-3 语音识别模块硬件原理图

12.3.3 WiFi 模块原理及 AT 指令集介绍

AT 应用指令如表 12-4 所示。

指令格式：（AT）开头 +数据+（回车+换行）结尾 。

默认波特率：115200bit/s。

字符串：AT+数据+换行。

表 12-4 应用指令

指　令	功　能	备　注
AT	测试模块是否正常	基础指令
ATE1/ATE0	开启/关闭回显	
AT+CWMODE/AT+CWSAP_DEF	设置 AP 模式及 AP 参数	AT WiFi 指令
AT +CWMODE = 1/AT +CWJAP	设置为 Station 模式	
AT+CIPSTART	建立 TCP 连接	AT TCP 指令
AT+CIPSEND	发送数据	
AT+CIPMODE = 1	开启透传传输	
+++	退出透传模式	

WiFi 模块原理如图 12-4 所示。

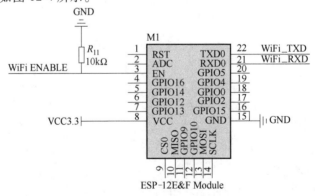

图 12-4 WiFi 模块原理图

12.3.4 温湿度测量模块

1. DHT11 简介

DHT11 是一款含有已校准数字信号输出的温湿度传感器。它采用了专用的数字模块采集技术和温湿度传感器，确保产品具有极高的可靠性与卓越的长期稳定性。

该传感器包括一个电阻式感湿元件和一个 NTC 测温元件，并与一个高性能 8 位单片机相连接。因此其具有品质卓越、超快响应、抗干扰能力强、性价比高等优点。

传感器和 MCU 之间采用简单的单总线进行通信，MCU 只需要一个 I/O 口就可以获取温湿度值。传感器内部湿度和温度数据（40 位）需一次性传给 MCU，中间不能被打断，采用校验和方式进行数据校验，有效地保证了数据传输的准确性。DHT11 功耗很低，5V 电源电压下，平均工作电流的最大值为 0.5mA。

2. 温湿度传感器的相关参数

温度：测量范围为−20~60℃，精度为±5℃。

湿度：测量范围为 5%~95%，精度为±5%。

3. 温湿度传感器引脚

温湿度传感器引脚图如图 12-5 所示，引脚说明如下：

1）VCC：提供 3.3~5.5V 直流电压。

2）DQ：串行数据，单总线。

3）NC：空脚。

4）GND：接地或电源负极。

4. 单总线通信

在单总线通信中，数据"0"和"1"不是由高低电平来区分的，而是由高电平的持续时间来区分的（如图 12-6、图 12-7 所示），所以在用单总线通信时对时间的控制是一个关键。

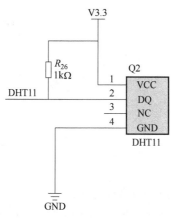

图 12-5 温湿度传感器引脚图

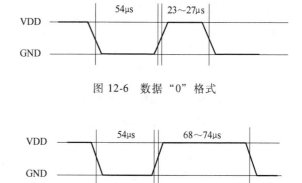

图 12-6 数据"0"格式

图 12-7 数据"1"格式

数据"0"：54μs 低电平和 23~27μs 高电平。

数据"1"：54μs 低电平和 68~74μs 高电平。

5. DHT11 通信协议

（1）单总线传送数据位定义

DATA 用于 MCU 与 DHT11 之间的通信和同步，采用单总线数据格式，一次传送 40 位数据，高位先出。

（2）数据格式

8 位湿度整数数据+8 位湿度小数数据+8 位温度整数数据+8 位温度小数数据+8 位校验位。

（3）校验位数据定义

8 位校验位等于"8 位湿度整数数据+8 位湿度小数数据+8 位温度整数数据+8 位温度小数数据"所得结果的末 8 位。

6. 数据时序图

用户主机（MCU）发送一次开始信号后，DHT11（从机）从低功耗模式转换到高速模式，待主机开始信号结束后，DHT11 发送响应信号，送出 40 位的数据，并触发一次信号采集。数据时序图如图 12-8 所示。

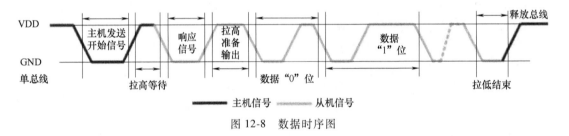

图 12-8　数据时序图

主机发送开始信号如图 12-9 所示。

从机发送响应信号如图 12-10 所示。

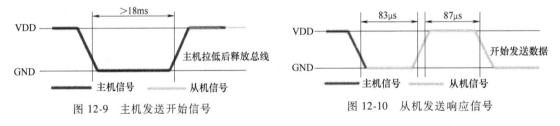

图 12-9　主机发送开始信号　　　　图 12-10　从机发送响应信号

7. 通过 GPIO 模拟单总线通信

1）配置 GPIO 为输出模式，输出高电平。

2）主机发送低电平，低电平保持时间不能小于 18ms，然后拉高电平（GPIO 输出高电平），将 GPIO 配置为输入模式。

3）DHT11 响应：DATA 引脚输出 83μs 低电平和 87μs 高电平作为响应。

4）DHT11 的 DATA 引脚输出 40 位数据，MCU 根据 GPIO 电平变化接收 40 位数据。

12.3.5　液晶显示模块

1. 显示设备的作用和分类

显示设备的作用：将设备的运行数据（数值/文字/图片等）呈现给用户。

显示设备的分类：

1）LED 灯：用于设备运行状态提示。

2）数码管：用于空调/微波炉数值显示。

3）段码式液晶显示器：定制显示数据/字符/图标。

4）LED 屏：3 色 LED 拼接，采用的是普通的发光二极管。

5）OLED 屏：采用的是有机发光二极管。

6）LCD 屏：液晶显示器，本身不发光。

2．屏幕参数

液晶显示屏幕参数如图 12-11 所示。

尺寸：指屏幕对角线的长度。

像素点：显示数据的最小单位，多个像素点可以组合显示数据内容、背景色、前景色。

分辨率：屏幕长和宽分布像素点的多少。

颜色深度：像素点显示时需要多少位的数据表示颜色。

彩色：

1）24 位：RGB888（R 取 8 位，G 取 8 位，B 取 8 位）

RGB（255 255 255）= 白色

RGB（0　　0　　0）= 黑色

RGB（255　0　　0）= 红色

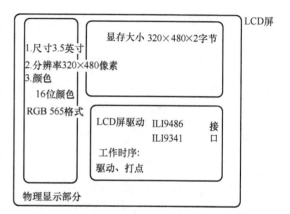

图 12-11　液晶显示屏幕参数

2）16 位：RGB565（R 取 5 位，G 取 6 位，B 取 5 位）

红色：1111 1000 0000 0000。

绿色：0000 0111 1110 0000。

蓝色：0000 0000 0001 1111。

驱动器：接收 MCU 数据并控制显示。

显存：存储显示数据，用来打点。

3．TFT LCD 屏

TFT LCD 屏原理图如图 12-12 所示。

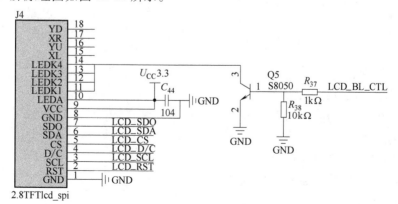

图 12-12　TFT LCD 屏原理图

分辨率：240×320 像素。

颜色深度：最大 18 位数据。

1）显示分辨率（Display resolution）：［240RGB（H）×320（V）］，H 为水平方向，V 为垂直方向；提供的解决方案为 240×RGB 的显示源驱动，320 通道的开关驱动。

2）显示内存（display RAM）：172，800 B：240×320×18/8 存储字节大小。

3）接口 8 位、9 位、16 位、18 位与 8080-Ⅰ/8080-Ⅱ系列的 MCU 接口；并行的 80801 和 80802 6 位、16 位、18 位 RGB 图形接口；RGB 动态接口 3 线/4 线串行接口。

4. 配置接口

1）开时钟，配置 SPI 接口。

2）编写发送数据和发送命令函数。

3）初始化 LCD 屏。

4）画点。

5）显示数据。

12.4　GPIO 应用

1. GPIO 的作用

GPIO（通用的输入输出口）是芯片与外设进行数据交换的接口，项目中具体使用如下：

1）直接驱动外部电路（LED 灯、按键或蜂鸣器等）。

2）模拟通信（SPI、IIC、单总线、8080 等）。

MCU 在进行数据交换时，数字量对应的电平一般为 TTL 电平。

常规 5V 电路下：

0：0～1.5V——低电平。

1：2.5～5V——高电平。

STM32 下（STM32 是 3.3V 供电）：

0：（0～0.8）V——低电平。

1：（2～3.3）V——高电平。

2. STM32F103RCT6 中 GPIO 的数量以及表现形式

（1）数量

STM32F103RCT6 中有 4 个端口（如 PA～PD），每个端口有 16 个 I/O 引脚（如 PA0～PA15）。

（2）表现形式

表现形式：P+端口号+引脚号（P+Port）。

例如：PA0 表示 A 端口中的第 0 引脚，PB6 表示 B 端口中的第 6 引脚。

3. 输入检测（Input）

输入电压：3.3V/0V/0～3.3V。

极端输入：3.3V/0V，逻辑 1/逻辑 0。

上拉输入：增加高电平的驱动能力。

下拉输入：增加低电平的驱动能力。

模拟输入：检测模拟电压，数据传给 ADC 进行转换。

浮空输入：不具备高低电平驱动能力，直接将输入的电压进行转换。输入浮空/上拉/下拉配置如图 12-13 所示。

TTL 肖特基触发器：把高低电平电压值转换为逻辑值。

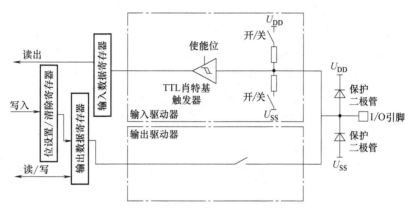

图 12-13　输入浮空/上拉/下拉配置

4. 输出控制（Output）

输出配置如图 12-14 所示。

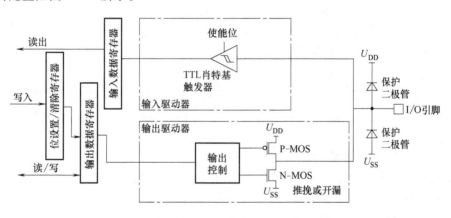

图 12-14　输出配置

逻辑值：1/0（P-MOS/N-MOS）。

电压值：3.3V/0V。

中间值：模拟量输出（PWM 波）。

推挽输出：直接将逻辑值输出为高低电平；PMOS/NMOS 都参与。

开漏输出：只能输出低电平（N-MOS），输出为 1 时是高阻态（未知状态，电路上电压由电路来决定）；经常应用在总线，需要增加上拉电阻（提供高电平）配合使用；具有读取功能。

复用功能输出：将 I/O 引脚用作复用其他外设功能的复用功能输出引脚。

通用输出：用作 I/O 普通输出。

5. STM32F103RCT6 对 GPIO 引脚的控制

使用 Keil 软件和 C 语言编写出相关控制逻辑程序，编译生成 bin/hex 文件，再通过

JTAG 或 SWD 接口下载到 MCU 内部 Flash 中，Cortex-M3 内核通过读取内部 Flash 的代码，去设置相关控制器的寄存器，进而达到控制 GPIO 引脚的作用。STM32F103 芯片控制片上设备结构框图如图 12-15 所示。

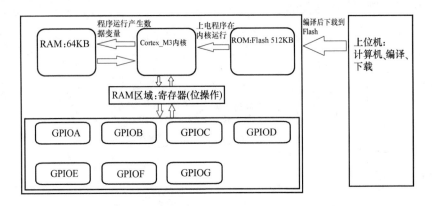

图 12-15　STM32F103 芯片控制片上设备结构框图

相关控制器的寄存器的分类（一般分为 3 类）有：

第一类：配置寄存器（用作配置控制器的模式）。

第二类：状态寄存器（保存控制器的当前状态）。

第三类：数据寄存器（保存该控制器要发送或接收的数据）。

6. STM32F103RCT6 中 GPIO 相关寄存器

每个通用 I/O 端口包含：

1）2 个 32 位配置寄存器：GPIOx_CRL、GPIOx_CRH（32 芯片和之前所用 51 芯片有很大不同，要想使用 IO，首先必须对所要使用的 IO 进行相应的配置，这就需要对应的寄存器）。

2）2 个 32 位的数据寄存器：

GPIOx_IDR：输入数据寄存器，通过外设向芯片内输入数据。

GPIOx_ODR：输出数据寄存器，由芯片向外设输出数据。

3）2 个 32 位置位/复位寄存器：

GPIOx_BSRR：置位/复位寄存器，可以控制 I/O 端口的输出状态，和输出数据寄存器的作用相似。

GPIOx_BRR：端口位清楚寄存器，清楚对应 I/O 端口的输出状态，使得输出为低电平。

4）1 个 32 位锁定寄存器 GPIOx_LCKR：一旦使用该寄存器，在程序运行中不能再改变 I/O 端口的工作模式。

注意：每个 I/O 端口位可以自由编程，然而 STM32 I/O 端口寄存器必须按 32 位字被访问（不允许半字或字节访问），不同的参数存储在不同的数据位下面，可进行位操作进行处理，如下：

清 0：GPIOx_CRL & = ~ (0x0F<<n)。

置 1：GPIOx_CRL | = (0x3<<n)。

判断某一位是 0/1：(GPIOx_IDR & (0x01<<n))。

7. 通过 STM32F103RCT6 的 GPIO 控制外部设备

1）查看原理图，查看对应的硬件链接。

2）初始化相关 GPIO 的模式。

3）对外部设备的操作应用。

8. LED 灯

LED 硬件连接原理图如图 12-16 所示，有 2 个 LED 灯，共使用 2 个 I/O 端口进行控制，它们分别是 PC4、PC5。图中的两个电阻起到限流作用的，添加限流电阻的原因如下。

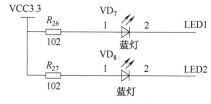

图 12-16　LED 硬件连接原理图

1）LED 灯不能有太大的电流通过。

2）MCU 芯片的灌电流不能太大。

此外，LED 的驱动电流是由外部电源提供的，不是由 MCU 提供的，在设计硬件电路时要特别注意这一点，不要用 MCU 去驱动外部负载，因为 MCU 的输出电流能力很低。

LED 灯的工作模式配置：

1）控制 LED 是对 LED 进行开、关操作，不是信号的采集，所以要配置为输出模式。

2）LED 的负极接到 I/O 端口，所以要想使 LED 灯点亮，就要给 I/O 端口低电平。

3）这种需要由高低电平进行控制的电路应配置为推挽输出。

9. GPIO 配置过程

（1）打开 PA 时钟（在复位和时钟控制模块中）

（2）配置工作模式

1）I/O 端口配置为输入。

2）I/O 端口配置上拉或无上拉下拉。

3）设置设备初始状态：在对这些寄存器配置前最好先对相应的位进行清零。

（3）读取按键

1）判断相应引脚是否为低电平。

2）是，按键按下，延时消抖（因为机械按键在按下或松开时会出现多次脉冲信号，所以在这里加一个延时，并对按键电平进行两次检测）。

3）再次判断按键是否按下。

4）返回相应按键值。

10. 按键

按键硬件连接原理图如图 12-17 所示，其中按键对应的 I/O 端口的关系为：KEY1 对应 PA0。

PA0 既作为普通 I/O 使用，同时还是 MCU 硬件唤醒口，要想唤醒 MCU 需要高电平，所以这里使用一个下拉电阻，使该引脚在没有按键按下时处于低电平状态。

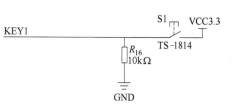

11. MCU 寄存器地址映射

STM32 官方提供的 GPIO 寄存器映射地址如表 12-5 所示。

图 12-17　按键硬件连接原理图

表 12-5 GPIO 寄存器映射地址

0x4001 2000-0x4001 23FF	GPIO 端口 G
0x4001 1C00-0x4001 1FFF	GPIO 端口 F
0x4001 1800-0x4001 1BFF	GPIO 端口 E
0x4001 1400-0x4001 17FF	GPIO 端口 D
0x4001 1000-0x4001 13FF	GPIO 端口 C
0X4001 0C00-0x4001 0FFF	GPIO 端口 B
0x4001 0800-0x4001 0BFF	GPIO 端口 A

（1）MCU 相关寄存器查看方法

1）寄存器的名称。

2）寄存器的地址。

3）寄存器的大小以及每个位的功能（不用全看）。

4）寄存器的初始值。

（2）直接操作寄存器地址法

以 GPIOC 为例，STM32 官方提供的寄存器名称和偏移量为表 12-6 所示寄存器所对应的偏移地址。

表 12-6 寄存器所对应的偏移地址

寄存器名称	偏移地址
GPIOx_CRL	0x00
GPIOx_CRH	0x04
GPIOx_IDR	0x08
GPIOx_ODR	0x0C
GPIOx_BSRR	0x10
GPIOx_BRR	0x14

那么 GPIOC 寄存器所对应的地址为表 12-7 所示的偏移地址。

表 12-7 GPIOC 寄存器所对应的偏移地址

寄存器名称	偏移地址
GPIOC_CRL	0x4001 1000+0x00
GPIOC_CRH	0x4001 1000+0x04
GPIOC_IDR	0x4001 1000+0x08
GPIOC_ODR	0x4001 1000+0x0C
GPIOC_BSRR	0x4001 1000+0x10
GPIOC_BRR	0x4001 1000+0x14

12.5 系统整合与测试

12.5.1 实时采用状态机 WiFi 获取天气数据

该设计采用状态机的处理机制，能有效避免顺序执行获取数据时间较长的缺点，从而避免影响整个设备的功能。

  状态机的设计原理如下：设定一个变量为运行状态，在运行过程中改变该变量的值，即可改变设备的运行状态，这样每一时刻该状态机只有一个功能，独立处理即可，当一个完整功能执行完成，状态机变量再恢复到原始状态，开启新一轮的功能执行。天气数据获取流程图如图12-18所示。

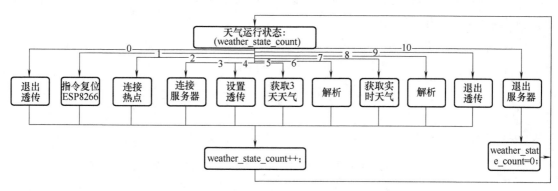

图 12-18　天气数据获取流程图

  天气数据获取代码如下：

```
vu8 weather_state_count = 0;
void Get_Weather(void)
{

    char http_cmd[256] = {0};
    uint8_t recv = 0;
    cJSON * root = NULL, * json_results = NULL, * json_arry = NULL, * json_location =
NULL, * json_now = NULL, * json_daily = NULL, * json_daily_arr = NULL;
    switch(weather_state_count)
    {
    case 0://退出透传
        WIFI_SendStr("+++");
        weather_state_count++;
        break;
    case 1://复位
        WIFI_SendStr("AT+RST\r\n");
        weather_state_count++;
        break;
    case 2://自动连接热点   不直接连接服务器防止使用过程中断网
        recv = ESP8266_SendCmd_RecAck(NULL, "WIFI GOT IP", 30000, 1);
        if(recv){
            ESP8266_ConnectHotspot();//一键配网模式
```

```
            }
            weather_state_count++;
            break;
        case 3://连接服务器
            recv = ESP8266_SendCmd_RecAck("AT+CIPSTART=\"TCP\",\"116.62.81.138\",
80\r\n", "OK", 1000, 2);
            if(recv == 0)    {
                weather_state_count++;
                WIFI_Flag = 1;
            }
            else
            {
                WIFI_Flag = 0;
                #if debug
                    printf("设备离线\r\n");
                #endif
            }
            break;
        case 4://设置透传
            recv = ESP8266_SendCmd_RecAck("AT+CIPMODE=1\r\n", "OK", 1000, 1);
            recv = ESP8266_SendCmd_RecAck("AT+CIPSEND\r\n", ">", 2000, 1);
            if(recv == 0)    weather_state_count++;
            break;
        case 5://获取3天天气数据
            sprintf(http_cmd, "GET https://api.seniverse.com/v3/weather/daily.json? key
=%s&location=%s&language=en&unit=c&start=0&days=3\r\n",
                    Key_ID,
                    location[location_pos]);
            #if debug
                printf("%s\r\n", http_cmd);
            #endif
            WIFI_SendStr(http_cmd);
            weather_state_count++;
            break;
        case 6://解析数据
            weather_state_count++;
            #if debug
                printf("开始解析 JSON 数据\r\n");
```

```
    #endif
//JSON 解析返回的数据
root = cJSON_Parse((char *)WIFI_message.rx_buff);
if(! root)
{
    #if debug
        printf("root Error before:%s\n", cJSON_GetErrorPtr());
    #endif
    break;
}
else
{

    json_results = cJSON_GetObjectItem(root,"results");//获取 results 对象
    if(! json_results)
    {
        #if debug
            printf("results Error before:%s\n", cJSON_GetErrorPtr());
        #endif
    }
    else
    {
        json_arry = json_results->child;//获取数组
        json_location = cJSON_GetObjectItem(json_arry,"location");


        if(! json_location)
        {
            #if debug
                printf("location Error before:%s\n", cJSON_GetErrorPtr());
            #endif
        }


        json_daily = cJSON_GetObjectItem(json_arry,"daily");
        if(! json_daily)
        {
            #if debug
                printf("daily Error before:%s\n", cJSON_GetErrorPtr());
            #endif
```

```
                        }
                  else
                  {
                        for ( int i = 0; i < cJSON_GetArraySize( json_daily ); i++)    //遍历
JSON 键值对
                        {
                              json_daily_arr = cJSON_GetArrayItem( json_daily, i);

                              if( ! json_daily_arr)
                              {
                                    #if debug
                                       printf( "Error before: %s\n", cJSON_GetErrorPtr( ) );
                                    #endif
                              }
                              else
                              {
                                    //测试

                                    strcpy( weather[ i]. date,
cJSON_GetObjectItem( json_daily_arr, "date" ) ->valuestring);
                                    weather[ i]. day_code = atoi( cJSON_GetObjectItem( json_daily_
arr, "code_day" ) ->valuestring);
                                    if( weather[ i]. day_code > 38)    weather[ i]. day_code = 39;
                                    weather[ i]. night_code = atoi( cJSON_GetObjectItem( json_dai-
ly_arr, "code_night" ) ->valuestring);
                                    if( weather[ i]. night_code > 38)    weather[ i]. night_code = 39;
                                    strcpy( weather[ i]. day_text, cJSON_GetObjectItem( json_daily_
arr, "text_day" ) ->valuestring);
                                    strcpy( weather[ i]. night_text, cJSON_GetObjectItem( json_dai-
ly_arr, "text_night" ) ->valuestring);
                                    weather[ i]. tem_h = atoi( cJSON_GetObjectItem( json_daily_
arr, "high" ) ->valuestring);
                                    weather[ i]. tem_l = atoi( cJSON_GetObjectItem( json_daily_
arr, "low" ) ->valuestring);
                                    weather[ i]. rainfall = atof( cJSON_GetObjectItem( json_daily_
arr, "rainfall" ) ->valuestring);
                                    weather[ i]. precip = atoi( cJSON_GetObjectItem( json_daily_
arr, "precip" ) ->valuestring);
```

```
                    strcpy(weather[i].wind_direction, cJSON_GetObjectItem(json_
daily_arr,"wind_direction")->valuestring);

                    weather[i].humidity = atoi(cJSON_GetObjectItem(json_daily_
arr,"humidity")->valuestring);

                      weather[i].wind_speed = atoi(cJSON_GetObjectItem(json_
daily_arr,"wind_speed")->valuestring);

                    weather[i].wind_scale = atoi(cJSON_GetObjectItem(json_dai-
ly_arr,"wind_scale")->valuestring);


                    #if debug
                    printf("地址:%s\r\n", cJSON_GetObjectItem(json_loca-
tion,"name")->valuestring);

                    printf("日期:%s\r\n", weather[i].date);
                    printf("白天天气%s   %d\r\n", weather[i].day_text,
weather[i].day_code);

                    printf("晚上天气%s   %d\r\n", weather[i].night_text,
weather[i].night_code);

                    printf("温度:%d/%d\r\n", weather[i].tem_h, weather
[i].tem_l);

                        printf("降雨概率/雨量:%d%%   %0.1fmm\r\n",
weather[i].precip, weather[i].rainfall);

                    printf("风向/风速/等级:%s / %0.1fkm/h / %d\r\n",
weather[i].wind_direction, weather[i].wind_speed, weather[i].wind_scale);

                    printf("湿度:%d%%\r\n", weather[i].humidity);
                    #endif
                }
            }
          }
        }
      }

      cJSON_Delete(root);
      break;
    case 7://获取实时天气数据
      sprintf(http_cmd, "GET https://api.seniverse.com/v3/weather/now.json? key
=%s&location=%s&language=en&unit=c\r\n",
                  Key_ID,
                  location[location_pos]);
```

```
    #if debug
        printf("%s\r\n", http_cmd);
    #endif
    WIFI_SendStr(http_cmd);
    weather_state_count++;
    break;
case 8://解析数据
    weather_state_count++;
    //JSON 解析返回的数据
    root = cJSON_Parse((char *)WIFI_message.rx_buff);
    if(! root)
    {
        #if debug
            printf("root Error before: %s\n", cJSON_GetErrorPtr());
        #endif
        break;
    }
    else
    {
        json_results = cJSON_GetObjectItem(root,"results");//获取 results 对象
        if(! json_results)
        {
            #if debug
                printf("results Error before: %s\n", cJSON_GetErrorPtr());
            #endif
        }
        else
        {
            json_arry = json_results->child;//获取数组
            json_location = cJSON_GetObjectItem(json_arry,"location");

            if(! json_location)
            {
                #if debug
                    printf("location Error before: %s\n", cJSON_GetErrorPtr());
                #endif
            }
```

```
                    json_now = cJSON_GetObjectItem(json_arry,"now");
                    if(! json_now)
                    {
                        #if debug
                            printf("json_now Error before:%s\n", cJSON_GetErrorPtr());
                        #endif
                    }
                    else
                    {
                        //保存天气信息
                        weather[0].now_tem = atoi(cJSON_GetObjectItem(json_now,"tem-
perature")->valuestring);//获取网络温度
                        weather[0].now_code = atoi(cJSON_GetObjectItem(json_now,"
code")->valuestring);//获取天气代码
                        strcpy(weather[0].now_text, cJSON_GetObjectItem(json_now,"
text")->valuestring);

                        if(weather[0].now_code > 38)weather[0].now_code = 39;
                        //测试
                        #if debug
                            printf("地址\t天气\t温度\tcode\r\n");
                            printf("%s\t", cJSON_GetObjectItem(json_location,"name")-
>valuestring);//从location对象中获取name值
                            printf("%s\t", cJSON_GetObjectItem(json_now,"text")->val-
uestring);//从now对象中获取text值
                            printf("%s\t", cJSON_GetObjectItem(json_now,"tempera-
ture")->valuestring);//从now对象中获取temperature值
                            printf("%s\r\n", cJSON_GetObjectItem(json_now,"code")->
valuestring);//从now对象中获取code值
                            printf("温度:%d\tCode:%d\r\n",weather[0].now_tem,
weather[0].now_code);
                        #endif
                    }
                }
            }
        cJSON_Delete(root);

//          weather_state_count = 5;
        break;
```

```
        case 9://退出透传
          WIFI_SendStr("+++");
          weather_state_count++;
          break;
        case 10://退出服务器连接
          WIFI_SendStr("AT+CIPCLOSE\r\n");
          weather_state_count = 3;//0;
          break;
    }
}
```

12.5.2 WiFi 模块获取网络实时时间

利用 WiFi 模块获取网络实时时间,用于 RTC 上电校准,其获取流程图如图 12-19 所示。

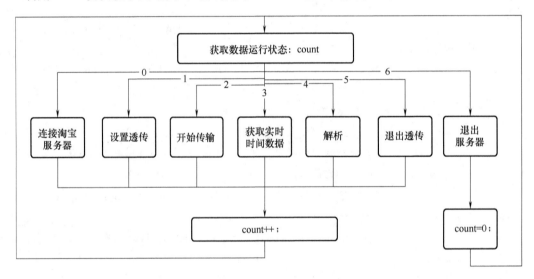

图 12-19 实时时间获取流程图

实时时间获取代码如下:

```
uint8_t ESP8266_TimeUpdate(void)
{
    uint8_t recv = 0;
    static uint8_t count = 0;
    uint64_t t = 0;
    cJSON * root = NULL, * data = NULL;
    uint8_t result = 0;
    switch(count)
    {
```

```
case 0://连接服务器
    recv = ESP8266_SendCmd_RecAck("AT+CIPSTART=\"TCP\",\"api.m.taobao.
com\",80\r\n", "OK", 10000, 2);
    if(recv == 0)    count++;
    else


    break;
case 1://设置透传
    recv = ESP8266_SendCmd_RecAck("AT+CIPMODE=1\r\n", "OK", 1000, 1);
    if(recv == 0)    count++;
    break;
case 2://开始传输
    recv = ESP8266_SendCmd_RecAck("AT+CIPSEND\r\n", ">", 2000, 1);
    if(recv == 0)    count++;
    break;
case 3://获取实时时间数据
    WIFI_SendStr("GET http://api.m.taobao.com/rest/api3.do? api=mtop.common.
getTimestamp\r\n");
    count++;
    break;
case 4:
    count++;
    //JSON 解析返回的数据
    root = cJSON_Parse((char *)WIFI_message.rx_buff);
    if(! root)
    {
        #if debug
            printf("root Error before: %s\n", cJSON_GetErrorPtr());
        #endif
        break;
    }
    else
    {
        data = cJSON_GetObjectItem(root,"data");//data
        if(! data)
        {
            #if debug
                printf("results Error before: %s\n", cJSON_GetErrorPtr());
```

```
                            #endif
                    }
                else
                    {
                        #if debug
                            printf("t:%s\r\n", cJSON_GetObjectItem(data,"t")->valuestring);
                        #endif
                        t = atoll(cJSON_GetObjectItem(data,"t")->valuestring);

                        RCC_APB1PeriphClockCmd(RCC_APB1Periph_PWR | RCC_APB1Periph_
BKP, ENABLE);  //使能 PWR 和 BKP 外设时钟
                        PWR_BackupAccessCmd(ENABLE);  //使能 RTC 和后备寄存器访问
                        RTC_SetCounter(t/1000 + 28800);  //设置 RTC 计数器的值

                        RTC_WaitForLastTask();  //等待最近一次对 RTC 寄存器的写操作
完成

                        result = 1;
                    }
                }
            cJSON_Delete(root);
            break;
        case 5:
            count++;
            WIFI_SendStr("+++");//退出透传
            break;
        case 6:
            count++;
            WIFI_SendStr("AT+CIPCLOSE\r\n");//退出服务器
            break;
        }
    return result;
}
```

12.5.3   使用热点模式设置 WiFi 账户密码及用户城市

WiFi 语音气象站需预留用户设置当前环境的接口，即提供搭建的接口环境。WiFi 模块采用的是 ESP8266，因为需要设置 WiFi，所以目前无法连接 WiFi，此时可以通过热点模式让 ESP8266 释放出一个 WiFi，用户连接后就可以建立用户设备和 WiFi 语音气象站的一个通信机制。接下来是搭建服务器与客户端模型，让 WiFi 语音气象站释放一个服务器，APP 软

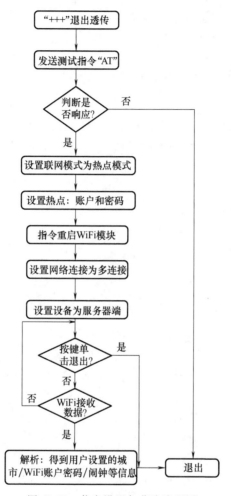

件作为客户端来连接该服务器，模型搭建好后，服务器与客户端即可进行数据传输。将 cJ-SON 格式的数据由 APP 传递给 WiFi 语音气象站，经过解析即可获取数据信息。信息设置与获取流程如图 12-20 所示。

图 12-20 信息设置与获取流程图

信息设置与获取代码如下：

```
//解析在 AP 模式下收到的数据
uint8_t WIFI_SoftAP_DataAnalysis(void)
{
    uint8_t recv = 0;
    char * message = NULL;
    cJSON * root = NULL;
    char showbuff[64] = {0};
    if(WIFI_ap_msg.rx_over == 0) return 0;
    if(WIFI_ap_msg.rx_count > 3)
    {
```

```
    #if debug
        printf("%s\r\n", WIFI_ap_msg. rx_buff);
    #endif
    if(strstr((char * )WIFI_ap_msg. rx_buff, "+IPD") ! = NULL)
    {
        message = strstr((char * )WIFI_ap_msg. rx_buff, "{");
        #if debug
            printf("得到数据:%d\t%s\r\n", strlen(message), message);
        #endif
        root = cJSON_Parse(message);
        if(! root)
        {
            #if debug
                printf("root Error before: %s\n", cJSON_GetErrorPtr());
            #endif
        }
        else
        {
//          recv = 1;
            write_to_FLASH((uint16_t * )message, strlen(message));
            sprintf(showbuff, "WIFI:%s", cJSON_GetObjectItem(root,"WIFIname")->
valuestring);
            LCD_ShowString(70,60, (uint8_t * )showbuff, RED, WHITE, 16, 0);
            sprintf(showbuff, "密码:%s", cJSON_GetObjectItem(root,"password")->
valuestring);
            LCD_ShowString(70,80, (uint8_t * )showbuff, RED, WHITE, 16, 0);

            sprintf(showbuff, "城市:%s", cJSON_GetObjectItem(root, "mycity")->
valuestring);
            LCD_ShowString(70,100, (uint8_t * )showbuff, RED, WHITE, 16, 0);
            sprintf(showbuff, "闹钟 %s:%s", cJSON_GetObjectItem(root, "alarm_
h")->valuestring, cJSON_GetObjectItem(root, "alarm_m")->valuestring);
            LCD_ShowString(70,120, (uint8_t * )showbuff, RED, WHITE, 16, 0);

            strcpy(WIFI_Name, cJSON_GetObjectItem(root,"WIFIname")->values-
tring);

            strcpy(Password, cJSON_GetObjectItem(root,"password")->valuestring);
```

```
                    strcpy(location[location_pos], cJSON_GetObjectItem(root, "mycity")->
valuestring);

                    alarm. hour = atoi( cJSON_GetObjectItem(root,"alarm_h")->valuestring);
                    alarm. min = atoi( cJSON_GetObjectItem(root,"alarm_m")->valuestring);
                }
            }
        }
    memset(WIFI_ap_msg. rx_buff, 0, sizeof(WIFI_ap_msg. rx_buff));
    WIFI_ap_msg. rx_count = 0;
    WIFI_ap_msg. rx_over = 0;
    return recv;
}
void Device_SetMode(void)
{
    uint8_t recv = 0;
    uint16_t outtime = 3000;
    char showbuff[128] = {0};
    LCD_Fill(0,0,320,240,WHITE);
    LCD_ShowString(0,20, (uint8_t *)"请在3s内按下按键设置WiFi,城市和闹钟信息",
RED, BLACK, 16, 1);
    while(Get_KeyValue( ) = = 0)
    {
        sprintf(showbuff, "%02d", outtime / 1000);
        LCD_ShowString(144,104, (uint8_t *)showbuff, RED, WHITE, 24, 0);
        Delay_ms(10);//延时10ms
        outtime -= 10;
        if(outtime < 20)   return;
    }
    LCD_Fill(0,0,320,240,WHITE);
    LCD_ShowString((320-8 * 16)/2, 104, (uint8_t *)"正在进入设置模式", RED,
WHITE, 16, 0);
    Usart3_Config(115200);
    Delay_ms(5000);
    WIFI_SendStr("+++");
    Delay_ms(1000);
    recv = ESP8266_SendCmd_RecAck("AT\r\n", "OK", 50000, 2);
    if(recv)
    {
```

```
        LCD_ShowString(20,40, (uint8_t * )"WiFi 失败,5s 自动关机!", RED, BLACK, 16,
1);
        Delay_ms(5000);
        System_EnterStand();
        return;
    }


    recv = ESP8266_SendCmd_RecAck("AT+CWMODE=2\r\n", "OK", 500, 1);
    recv = ESP8266_SendCmd_RecAck(" AT+CWSAP_DEF = \" XYD_WIFIWeather \" , \"
12345678\" ,5,3\r\n", "OK", 500, 1);
    recv = ESP8266_SendCmd_RecAck("AT+RST\r\n", "ready", 10000, 1);
    recv = ESP8266_SendCmd_RecAck("AT+CIPMUX=1\r\n", "OK", 10000, 1);
    recv = ESP8266_SendCmd_RecAck("AT+CIPSERVER=1,8080\r\n", "OK", 10000,
1);//设置端口


    SoftAP_Flag = 1;//将模式设置为 AP 模式


    LCD_Fill(0,0,320,240,WHITE);
    LCD_ShowString(10,10, (uint8_t * )"请使用微信小程序设置 WiFi,闹钟和城市参数,
按下按键退出", RED, BLACK, 16, 1);
    while(1)
    {
        if(WIFI_SoftAP_DataAnalysis() == 1)
        {
            LCD_ShowString((320-6 * 24)/2, 150, (uint8_t * )"参数设置成功", RED,
BLACK, 16, 1);
            SoftAP_Flag = 0;
            Delay_ms(2000);
            break;
        }
        if( ( System_Time-taskfunc[5]. timetick ) > taskfunc[5]. timelen )
        {
            taskfunc[5]. timetick = System_Time;
            switch(Get_KeyValue())
            {
                case 1:
                    SoftAP_Flag = 0;
                    return;  //退出设置
```

```
            break;
        case 3://超长按  进入待机模式
            System_EnterStand( );
            break;
        }
    }
  }
}
```

12.5.4　语音播报与识别

　　语音播报功能利用 MY1690-16S 芯片完成，而语音识别利用 SU-03T 完成。本次语音识别使用离线语音模块，通过本地存储数据，提前设定命令词、回复语等，完成规定的应答。其代码如下：

```
//播报时间
//传参:时间和日期的结构体
void Voice_PlayTime(_calendar_obj cal)
{
    Voice_PlayDirectoryMusic(00, num_mp3[22]);
    Voice_PlayNumMusic(cal.hour);
    Voice_PlayDirectoryMusic(00, num_mp3[20]);
    Voice_PlayNumMusic(cal.min);
    Voice_PlayDirectoryMusic(00, num_mp3[21]);
}
//播报日期
//传参:时间和日期的结构体
void Voice_PlayDate(_calendar_obj cal)
{
    Voice_PlayDirectoryMusic(00, num_mp3[22]);

    Voice_PlayDirectoryMusic(00,cal.w_year/1000);
    Voice_PlayDirectoryMusic(00,cal.w_year%1000/100);
    Voice_PlayDirectoryMusic(00,cal.w_year%100/10);
    Voice_PlayDirectoryMusic(00,cal.w_year%10);
    Voice_PlayDirectoryMusic(00, num_mp3[15]);

    Voice_PlayNumMusic(cal.w_month);
    Voice_PlayDirectoryMusic(00, num_mp3[16]);
    Voice_PlayNumMusic(cal.w_date);
```

```
        Voice_PlayDirectoryMusic(00, num_mp3[17]);
        Voice_PlayDirectoryMusic(00, num_mp3[18]);
        if( cal. week = = 0)
                Voice_PlayDirectoryMusic(00, num_mp3[19]);
        else
                Voice_PlayNumMusic( cal. week);
}


//根据天气代码 weather code 播报天气情况
void Voice_PlayWeather( uint8_t weather_code)
    {
        Voice_PlayDirectoryMusic(01, 40);//今天天气
        if( weather_code > 9 && weather_code < 37)
            Voice_PlayDirectoryMusic(01, 41);//有
        Voice_PlayDirectoryMusic(01, weather_code);//天气情况
}


switch( Get_KeyValue( ))
{
            case 1://短按   语音播报
                Voice_Stop( );
                LCD_ShowPicture(170, 0, 20, 20, (const unsigned char *)spk_photo[1]);
                LCD_ShowString(190,4, (uint8_t *)"Sound", BLUE, WHITE,  12, 0);
                Voice_PlayWeather( weather[0]. now_code);
                Voice_PlayOutdoor_Temperature( weather[0]. now_tem);
                break;
}
```

12.5.5 用户界面显示

用户界面利用 TFT LCD 屏显示天气、城市、时间等实时信息，同时可以自定义显示界面背景与布局。其代码如下：

```
void Task_ViewFunction( void)
{
    //在线离线显示
    LCD_ShowPicture(5, 0, 24, 20, (const unsigned char *)WIFI_photo[WIFI_Flag]);
    LCD_ShowString(30,4, (uint8_t *)WIFI_state[WIFI_Flag], BLUE, WHITE, 12, 0);
    //闹钟显示
```

```
LCD_ShowPicture(95, 0, 20, 20, (const unsigned char * )alarm_photo[ alarm. flag ]);
sprintf( buff,"%d:%02d ", alarm. hour, alarm. min);
if( alarm. flag) {
    LCD_ShowString(115,4, (uint8_t * )buff, RED, WHITE, 12, 0);
}
else {
    LCD_ShowString(115,4, (uint8_t * )buff, BLUE, WHITE, 12, 0);
}
//喇叭显示
  if( (VoicePlay_Busy( ) = = Bit_SET))  {
    LCD_ShowPicture(170, 0, 20, 20, (const unsigned char * )spk_photo[ 1 ]);
    LCD_ShowString(190,4, (uint8_t * )"Sound", BLUE, WHITE, 12, 0);
}
else {
    LCD_ShowPicture(170, 0, 20, 20, (const unsigned char * )spk_photo[ 0 ]);
    LCD_ShowString(190,4, (uint8_t * )"Silent", BLUE, WHITE, 12, 0);
}
//电池电量显示
LCD_ShowPicture(285, 0, 34, 20, (const unsigned char * )gImage_battery);
if( batval >= 20)
    LCD_Fill(288, 3, 288+batval * 23/100, 17, GREEN);
else
    LCD_Fill(288, 3, 288+batval * 23/100, 17, RED);
sprintf( buff, "%d%%", batval);
LCD_Fill(260, 0, 285, 20, WHITE);
if( batval >= 20)
    LCD_ShowString(260,4, (uint8_t * )buff, BLUE, WHITE,  12, 0);
else
    LCD_ShowString(260,4, (uint8_t * )buff, RED, WHITE,  12, 0);
//时间或天气显示
if( weather_view_count = = 0) {
    View_ShowDataTime( );
}
else if( weather_view_count = = 10) {
    View_ShowWeather( );
}
weather_view_count++;
weather_view_count %= 20;

}
```

12.5.6　主程序流程：非阻塞执行任务

主程序运行时通过轮询判断各个任务的标志以及时间片时间是否到来，若时间到来，即执行，代码如下：

```
typedef struct {
    uint8_t play_flag;
    vu32 timetick;
    vu32 timelen;
    void ( * pTaskFunction)(void);
} __Task_TimeFun;

__Task_TimeFun taskfunc[ ] = {
    {1, 0, 500, Task_LedFunction},
    {1, 0, 2000, Task_Dht11Function},
    {1, 0, 100, Task_BatFunction},
    {1, 0, 3000, Task_WeatherFunction},
    {1, 0, 1000, Task_ViewFunction},
    {1, 0, 10, Task_KeyFunction},
    {1, 0, 100, Task_AlarmFunction}
};

while (1)
{
        for(taskpoll = 0;taskpoll < sizeof(taskfunc)/sizeof(taskfunc[0]); taskpoll++)
        {
            if(taskfunc[taskpoll]. play_flag)
            {
                if( ( System_Time -taskfunc[taskpoll]. timetick ) > taskfunc[taskpoll]
. timelen )
                {
                    taskfunc[taskpoll]. timetick = System_Time;
                    taskfunc[taskpoll]. pTaskFunction( );
                }
            }
        }
        Voice_Analysis( );
    }
```

本 章 小 结

WiFi语音气象站对STM32相关知识进行了一个总体性的运用。该项目外接了5个STM32开发时比较常用的模块，分别是ESP8266、DHT11温湿度传感器模块、语音播报模块、LCD屏幕、语音识别模块。主控与模块之间采用了一些常见的通信协议，如ESP8266与主控之间以串口进行数据传输，DHT11与主控之间采用单总线协议进行数据传输，屏幕与主控之间采用SPI协议来传输需要在屏幕上显示的数据。在掌握这些模块的控制逻辑与工作原理的同时，也可以熟悉UART的使用流程与配置流程。采集各种数据时会用到多个中断，除了对中断的概念更加熟悉，还可以对STM32中断的使用方式与相关的函数更加了解。同时，在使用这些外设时会需要配置各个GPIO，配置GPIO是使用STM32的一个基本功，因此完成该项目将会使读者的STM32的应用能力上升一个层次。该项目采用STM32官方的固件库开发，以固件库内置函数作为基本函数，因此也可以进一步熟悉对固件库的使用。

参 考 文 献

[1]　郁有文，常健，程继红. 传感器原理及工程应用［M］. 3 版. 西安：西安电子科技大学出版社，2008.

[2]　童诗白，华成英. 模拟电子技术基础［M］. 4 版. 北京：高等教育出版社，2013.

[3]　唐浒，韦然. 电路设计与制作实用教程：基于立创 EDA［M］. 北京：电子工业出版社，2021.

[4]　康华光. 电子技术基础：模拟部分［M］. 4 版. 北京：高等教育出版社，1999.

[5]　康华光. 电子技术基础：数字部分［M］. 6 版. 北京：高等教育出版社，2014.

[6]　叶声华. 激光在精密计量中的应用［M］. 2 版. 北京：机械工业出版社，1980.

[7]　刘教瑜，舒军. 单片机原理及应用［M］. 2 版. 武汉：武汉理工大学出版社，2014.

[8]　张燕红. 计算机控制技术［M］. 2 版. 南京：东南大学出版社，2014.

[9]　赵宝明. 智能控制系统工程的实践与创新［M］. 北京：科学技术文献出版社，2014.

[10]　吴勇，罗国富，刘旭辉，等. 四轴飞行器 DIY：基于 STM32 微控制器［M］. 北京：北京航空航天大学出版社，2016.

[11]　程功. 基于预测 PI 控制的 BOOST 电路控制算法研究及设计［D］. 上海：东华大学，2017.

[12]　方伟家. 异步电机变频起动用电源装置的研究［D］. 武汉：华中科技大学，2011.

[13]　谢世杰，陈生潭，楼顺天. 数字 PID 算法在无刷直流电机控制器中的应用［J］. 现代电子技术，2004（2）：59-61.

[14]　徐伟，肖宝弟. 基于 CMAC-PID 算法的列车控制仿真［C］. 第 25 届中国控制与决策会议论文集. 2013：4477-4481.

[15]　包松，鲍可进，余景华. 基于单片机 PID 算法的直流电机测控系统［J］. 微机发展，2003（8）：72-74.

[16]　杜永莘. 浅谈红外线传感器的应用［J］. 中国科技信息，2013（18）：131.

[17]　白彦飞. 对我国红外线传感器应用现状及发展趋势的认识［J］. 海峡科技与产，2017（4）：95-96.

[18]　李建. 热释电传感器原理与应用［J］. 传感器世界，2005（7）：34-36.

[19]　赵卫星. 超声波传感器及其应用［J］. 科技风，2019（23）：8.

[20]　陈荣，马建顶. 超声波测深仪选择和使用注意事项探讨［J］. 人民长江，2020，51（S1）：80-82.

[21]　边莉，张起晶，黄耀群. 51 单片机基础与实例进阶［M］. 北京：清华大学出版社，2012.

[22]　王文，王成刚，李建海. 电子技术综合实践［M］. 北京：电子工业出版社，2018.

[23]　甄彤，等. 粮库信息化建设培训教材［M］. 北京：电子工业出版社，2020.

[24]　陈永甫. 红外探测与控制电路［M］. 北京：人民教育出版社，2004.

[25]　叶朝辉. 模拟电子路技术理论与实践［M］. 北京：清华大学出版社，2016.

[26]　邱关源. 电路［M］. 5 版. 北京：高等教育出版社，2006.

[27]　王晓明. 电动机的单片机控制［M］. 北京：北京航空航天大学出版社，2002.

[28]　何道清，张禾，谌海云. 传感器与传感器技术［M］. 2 版. 北京：科学出版社，2008.

[29]　杨居义. 单片机原理与工程应用［M］. 北京：清华大学出版社，2009.

[30]　肖看，李群芳. 单片机原理、接口及应用：嵌入式系统技术基础［M］. 2 版. 北京：清华大学出版社，2010.

[31]　朱清慧，张凤蕊，翟天嵩，等. Proteus 教程：电子线路设计、制版与仿真［M］. 北京：清华大学出版社，2016.

[32]　楚士杰，徐子豪. 智能车设计与发展研究［J］. 通信电源技术，2020，37（4）：48-49，51.

[33]　英慧，靳光盈，李新伟，等. 轮式电动车转向差速控制方法［J］. 电机与控制应用，2016，43

（3）：74-78，88.

[34] 刘佳. 刍议智能机器人及其关键技术 [J]. 企业导报，2012（1）：264-265.

[35] 钟科，陈向东. 智能家居服务网关的设计 [J]. 通信技术，2012（8）：65-67.

[36] 周柱，孟文，田环宇. 基于 stm32 智能小车设计 [J]. 技术与市场，2011（6）：1-2.

[37] 熊有伦，钱思. 清洁机器人系统设计与智能避障问题的研究 [J]. 机械与电子，2007（1）：61-65.

[38] 陈威，陈静. 基于多传感器的智能小车避障控制系统设计 [J]. 工业控制计算机，2018，31（7）：41-42.

[39] 张红. 基于单片机的智能小车控制系统 [J]. 湖北农机化，2018（10）：44.

[40] 葛英辉，倪光正. 新的轮式驱动电动车电子差速控制算法的研究 [J]. 汽车工程，2005，27（3）：340，343.

[41] NELSON M. 串行通信开发指南 [M]. 潇湘工作室，译. 北京：中国水利水电出版社，2002.

[42] 刘斌. 电子电路课程设计基础实训 [M]. 北京：机械工业出版社，2013.

[43] 韩毅，杨天. 基于 HCS12 单片机的智能寻迹模型车的设计与实现 [J]. 学术期刊，2008，29（18）：1535-1955.

[44] 肖洪兵，等. 跟我学用单片机 [M]. 北京：北京航空航天大学出版社，2002.

[45] 喻金钱，俞斌. STM32F 系列 ARM Cortex-M3 核微控制器开发与应用 [M]. 北京：清华大学出版社，2013.

[46] 传感器专家网 [EB/OL]：https：//www. sensorexpert. com. cn/article/54896. html.